니치레이 푸즈(Nichirei Foods)
의 홍보팀에게 배운다

식재료食材料의 냉동, 이것이 정답이다!

감수 니치레이 푸즈(Nichirei Foods)
역자 이진원

냉동 보관에 관한 궁금증과 고민을 모두 해소한다

누구나 냉동 보관을 당연하게 생각한다. 하지만, '잘 활용하고 있다!'라고 자신 있게 말할 수 있는 사람이 얼마나 될까? 냉동 보관에 관한 궁금증이나 고민이 풀리면 일상의 조리 시간을 단축할 수 있다. 우리 가족의 소중한 식사 시간을 좀더 즐길 수 있을 것이다. 우리 홍보팀은 이런 바람을 가지고 '미소밥상(ほほえみごはん)' 사이트 운영을 시작했다.

그리고 '미소밥상'의 칼럼 '식재료 냉동'을 한데 모아 이 책에 담았다. 냉동 보관에 관한 요리사들의 조언과 레시피, 요리가 더 즐거워지는 힌트를 가득 실었다. '냉동' 식재료 활용을 식사 준비에 중요한 요소로 삼아 보자. 여러분 가정의 웃음 넘치는 식탁을 만드는데 좋은 계기가 되기를 희망한다.

해동한 채소가 푸석푸석하고 맛이 없다

냉동실 안쪽 깊은 곳에서 2년 전에 넣어 둔 서리투성이 생선을 발견···

해동이 번거로워 냉동 보관한 식재료가 줄지 않는다

원래 이 냉동 방법이 옳을까?

냉동 특유의 냄새와 맛이 신경 쓰인다

냉동실이 뒤죽박죽, 찾는 재료는 어디에?

또 냉동 화상을 입고 말았다

냉동 식재료의 위생은 괜찮을까?

해동이 되었다고 생각했는데 아직 속은 녹지 않았다!

아, 내일이 유통 기한··· 일단 냉동을!

냉동하면 평생, 보관할 수 있다는 생각을···

한 번에 많이 산 고기, 그대로 냉동하면 다시 사용하기 어렵다!

Contents

1장 채소와 과일의 냉동 보관

2장 육류의 냉동 보관

3장 생선의 냉동 보관

4장 유제품, 달걀, 콩제품, 어묵의 냉동 보관

5장 주식류의 냉동 보관

반찬, 디저트류의 냉동 보관

column

이 책의 구성

- 이 책에서 사용하는 1큰술은 15㎖, 1작은술은 5㎖, 한 꼬집과 조금은 엄지와 검지 두 손가락으로 집은 양을 기준으로 하지만 개인차가 있으니 맛을 보면서 조절한다.
- 전자레인지와 오븐 토스터의 가열 시간, 냉장실에서 해동하는 시간은 기준이다. 기계의 종류나 식재료의 상태에 따라 다를 수 있으므로 상태를 보면서 처리한다.
- 이 책을 정리하면서 '미소밥상' 사이트의 표기나 만드는 방법을 일부 변경한 부분이 있다. 이 책에서 소개하는 각종 식재료에 관해 보다 자세한 냉동 방법이나 냉동 후 활용 방법을 알고 싶을 때는 '미소밥상'의 웹사이트(https://www.nichireifoods.co.jp/media/)를 참고한다.
- 이 책에서 소개하는 냉동 · 냉장 보관 기간은 기준이다. 도마나 칼 등 조리기구의 위생 상태나 식재료 상태, 냉동실과 냉장실을 여닫는 빈도 등등 가정의 보관 상태나 계절에 따라서도 달라질 수 있다. 조리하기 전에 잘 확인한다.
- 얼린 반찬을 그대로 도시락에 담아 자연 해동하여 먹을 경우에는 도시락에 들어가는 다른 식재료를 청결한 상태에서 만들고 모두 식힌 후에 담도록 한다. 걱정이 될 때는 전자레인지에서 한번 뜨겁게 가열하고 충분히 식힌 다음에 넣도록 한다.
- 레시피에서 인원수나 수량의 표시가 없는 것은 조리하기 쉬운 분량으로 실었다.

※'미소밥상'은 주식회사 Nichirei Foods의 등록상표다.

이제 실패하지 않는다!
냉동 보관의 기본 원칙

냉동은 괜찮지만 '해동하면 맛이 변해서 맛이 없다' '해동이 귀찮아 냉동실에서 화석처럼 잠자고 있다' 등의 고민을 해결해 줄, 채소 · 육류 · 생선을 냉동 보관할 때 지켜야 할 기본 원칙을 소개한다!

기본적으로 냉동이란 무엇일까?

식품 속 수분이 어는 것을 뜻한다. 냉동 보관은 보존료를 사용하지 않고도 식재료와 식품의 열화를 막고 버려지는 분량을 최소화할 수 있는 방법이다. 다만, 어는 과정에서 수분이 얼음 결정이 되어 식품의 세포벽을 파괴하기 때문에, 해동했을 때 감칠맛 성분을 잃거나 식감이 달라지기도 한다.

그렇기 때문에 가정에서도 할 수 있는 냉동 요령이 중요!

식품의 세포벽 파괴를 최소화하려면 급속으로 냉동하여 얼음 결정이 커지는 것을 막고 식재료의 건조와 산화를 예방하는 것이 중요하다. 업무용 냉동실과 똑같지는 않겠지만 가정에서 할 수 있는 요령을 터득하면 누구나 냉동의 고수가 될 수 있다!

채소의 냉동 보관 규칙

채소를 얼리면 맛과 식감이 달라지기 쉽다.
하지만 작은 요령 하나만으로 풍미가 현저하게 달라진다!

'채소 냉동'의 4가지 기본

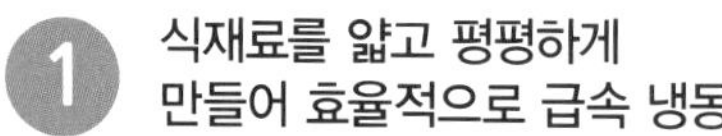

1 식재료를 얇고 평평하게 만들어 효율적으로 급속 냉동

식재료를 얇게 펼쳐서 얼리면 빠르게 냉동되어 얼음 결정이 커지지 않기 때문에 세포벽의 파괴를 최소화할 수 있다! 해동 시간도 줄고 사용할 만큼만 손으로 떼 내어 사용할 수 있다는 장점도 있다.

2 금속 쟁반 등에 식재료를 얹어 냉동

알루미늄 등 열전도율이 좋은 금속 쟁반에 얹어 냉동하면 냉동에 걸리는 시간을 단축할 수 있다. 랩으로 감싼 뒤에 다시 쿠킹 포일로 싸도 좋다.

3 공기를 차단해 식재료의 건조를 막는다

냉동실 내부는 매우 건조하다. 랩으로 싸거나 냉동용 지퍼 팩에 넣어 가능한 한 진공상태를 만드는 등 식재료에서 수분이 증발하는 것을 방지한다.

4 잔열과 물기를 제거해 서리를 방지!

뜨거운 상태로 냉동하면 이슬이 맺혀 서리가 생길 뿐 아니라 다른 냉동 식재료의 열화에 영향을 준다. 남아 있는 수분도 서리의 원인이 되므로 채소의 물기를 잘 닦아서 냉동한다.

채소의 냉동 Q&A

모든 채소가 냉동 OK? 해동 요령은?

Q1 냉동에 적합하지 않은 채소가 있다?

A/ 수분이 많은 채소와 뿌리채소는 손질이 필요하다

토마토와 양상추처럼 수분이 많은 채소는 얼릴 때 얼음 결정이 커지기 때문에 식감이 변한다. 그리고 당근이나 무, 우엉 등 섬유질이 풍부한 채소는 해동했을 때 섬유 주변의 조직이 공동화하여 질긴 식감이 강해진다. 다만, 처리하기에 따라 모두 냉동이 가능하므로 이 책의 내용을 참고하자!

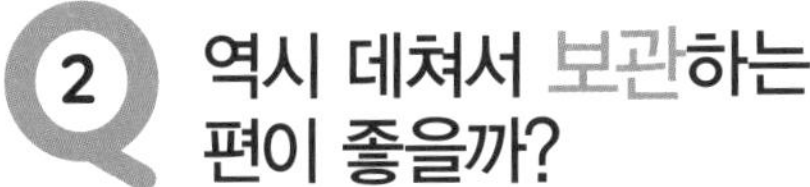

Q2 역시 데쳐서 보관하는 편이 좋을까?

A/ 필수는 아니지만, 풍미가 좋아진다!

가열해야 할 채소는 미리 데쳐서 냉동하면 채소 내 효소가 소실되어 색 변화를 방지할 수 있다. 그뿐만 아니라 해동 후 신선한 색과 풍미를 유지할 수 있는 포인트의 하나이다. 너무 무르지 않게 가볍게 데치는 것이 좋다. 단, 보관 시간이 길지 않다면 생으로 냉동할 수 있는 채소도 있다. 자세한 내용은 채소별 내용을 체크하자!

Q3 채소를 냉동할 때 사용할 수 있는 비법 공개!

A/ 바로 따라 할 수 있는 3가지 비법이 있다

1/채소는 통째로 사서 신선할 때 냉동한다. 무와 양배추 등은 통째로 구입했을 때 신선도가 좋을 뿐 아니라 가격도 저렴하다. 구입한 날에 절반을 냉동해 두면 식사 준비 시간을 단축할 수 있다. 2/파, 생강, 시소 등 적은 양을 사용하는 양념이나 향신료는 소분하여 냉동한다. 온도가 낮은 냉동 보관을 하면 향을 오래 즐길 수 있고 사용할 때도 편리하다! 3/신선도가 떨어지기 쉬운 버섯류는 구입 후에 바로 냉동한다! 냉동하면 감칠맛도 UP.

생강

Q4 밑 손질이나 썰기는 해동 후에 해도 괜찮을까?

A/ 귀찮아도 냉동 전에 끝낸다

얼린 채로 조리할 때가 많기 때문에 껍질을 벗기고, 흙을 씻는 등의 밑 손질을 끝내 두는 것이 중요하다. 용도에 맞게 썰고, 사용할 양만큼 소분해서 지퍼 팩에 넣어두면 시간을 줄일 수 있다. 번거롭다면 일단 큼직큼직하게 썰어 냉동하여 다양한 요리에 활용하자(사진은 양파의 예)

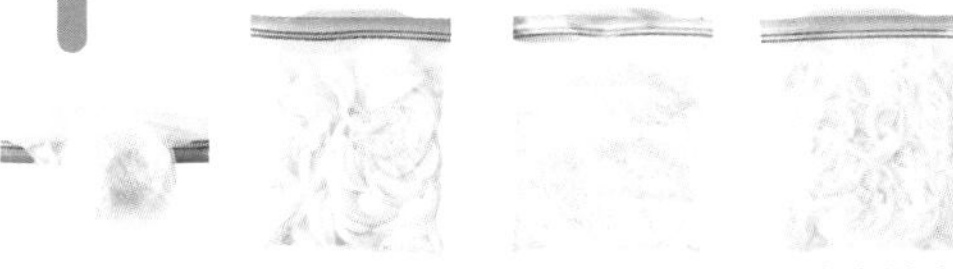

통째로 / 쐐기모양 썰기 / 채썰기 / 얇게 썰기

Q5 해동할 때 주의해야 할 것이 있다면?

A/ 얼린 채로 가열 조리하는 방법을 추천한다

'얼린 채로 가열'하는 것이 기본 원칙! 냉동실에서 꺼내어 바로 조리하도록 한다. 해동 후에 생으로 먹을 수 있는 채소는 흐르는 물에서 해동하는 것이 가장 좋다(냉장실에서 해동해도 OK). 상온에 방치하면 채소에서 수분이 빠져나와 식감이 떨어지므로 주의한다.

육류의 냉동 보관 규칙

육류의 냉동 화상을 예방하고 맛을 오래 유지하는 요령을 소개!

'육류 냉동'의 3가지 기본

1 고기 표면에 묻은 수분(Q1 참조)을 닦아낸다

수분이 있는 상태에서 냉동하면, 서리나 비린내의 원인이 되므로 키친타월로 잘 닦아낸다.

2 냉동용 지퍼 팩에 고기를 넣고, 공기를 빼면서 밀봉한다

평평한 곳에 고기를 넣은 지퍼 팩을 얹고 위에서 손으로 누르면서 공기를 빼면서 밀봉해 산화를 방지한다. 두께가 얇으면 빨리 냉동할 수 있다.

3 냉동실 내부는 평평하게 만들어 냉동한다

급속 냉동 기능이 있으면 사용하고, 없으면 열전도율이 좋은 금속 쟁반에 얹어 평평한 상태로 냉동실에 넣는다.

육류의 냉동 Q&A 보관 방법은? 보관 기간은?

Q1 구입한 팩 상태 그대로 냉동해도 될까?

A / 팩 그대로는 NG! 핏물이 배어 나올 수도

고기에서는 안에서 붉은 핏물이 새 나올 수 있다. 이것은 잡내의 원인이 될 수 있으므로 냉동 전에 닦아낸다. 또한 그대로 얼리면 핏물이 단열재 역할을 해서 온도를 잘 전달하지 못하여 냉동에 시간이 걸리게 된다. 구입할 때 이미 핏물이 많이 나와 있는 고기는 냉동·해동을 거친 것일 수 있다. 해동된 후에 다시 냉동시키면 맛이나 위생 측면에서 모두 피하는 것이 바람직하다.

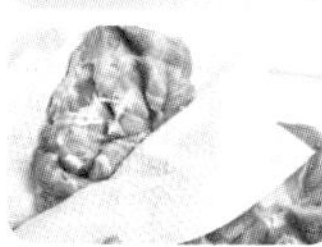

Q2 보관 기간의 기준은?

A / 기준은 1개월 이내. 다진 고기는 2주 이내가◎

가정에서 냉동하는 고기의 보관 기간은 1개월 정도가 기준이지만 다진 고기는 공기와 접촉하는 부분이 많아 2주간을 기준으로 한다. 냉동 기간이 길면 고기가 산화&건조하기 쉬우므로 가능한 한 빨리 조리한다. 냉동실 문을 열면 내부 온도가 상승하므로 문을 여닫는 빈도에 따라서도 보관 기간이 다르다. 냉동한 날짜를 지퍼 팩에 기록하여 사용 시기를 놓치지 않도록 한다!

Q3 보관 기간을 연장하는 요령이 있을까?

A / 신선한 고기를 청결한 상태에서 빠르게 냉동한다

신선도가 좋은 고기를 선택해 구입 당일에 냉동하는 것이 중요하다. 사용 기회를 놓쳐 냉동하는 것은 피하도록 하자. 보관 작업을 할 때는 손을 잘 씻고 깨끗한 젓가락과 도마를 사용한다. 가능한 한 급속 냉동을 하자(Q6 참고).

Q4 '랩'과 '지퍼 팩' 중 어느 것을 사용하는 것이 옳을까?

A / 냉동용 지퍼 팩이◎. 소분은 랩으로

'밀봉'할 수 있는 냉동용 지퍼 팩을 추천한다! 랩으로 싸기만 하면 냉동실 내부에서 벗겨질 수 있고 산화하거나 서리가 앉거나 다른 식품의 냄새가 배기 쉽다. 소분할 때는 랩으로 싼 후, 다시 냉동용 지퍼 팩에 넣도록 한다.

Q5 냉동실 어느 위치에 냉동하면 좋을까?

A / 급속 냉동실이 가장 좋다. 금속제 쟁반도 활용

고기의 맛을 유지하고 싶다면 급속 냉동이 중요하다! 냉장고에 '급속 냉동실'이 없을 때는 알루미늄이나 스테인리스 등 열전도율이 좋은 금속제 쟁반에 고기를 담은 냉동용 지퍼 팩을 얹고 냉동실에 넣으면 냉동에 필요한 시간이 짧아지므로 ◎.

Q6 '냉동 화상'을 구분하는 방법은?

A / 칙칙한 어두운 색을 띠거나 표면이 건조한가?

냉동 화상이란 식재료를 오랫동안 냉동 보관했을 때 일어나는 현상이다. 밀봉하지 않고 냉동하거나, 냉동⇒해동⇒재냉동을 반복하면 냉동 화상이 생길 수 있다. 먹지 못하는 것은 아니지만 확실히 맛은 떨어진다. 역시 빨리 조리하여 냉동실 재고를 없애는 것이 가장 좋다.

Q7 모두 사용하지 못했을 때 다시 냉동해도 될까?

A / 재냉동은 NG. 가열 조리하여 빨리 먹도록 한다

한 번 해동한 고기는 냉장실 보관도 다시 냉동실에 넣는 것도 NG. 냉동 화상의 원인이 되기도 하며 위생적으로도 추천할 수 없다. 해동 후에는 조리하여 고기의 중심부까지 익히고 그날 안으로 모두 사용하도록 하자.

생선의 냉동 보관 규칙

맛과 신선도를 유지하는 냉동 · 해동 방법, 밑 손질의 핵심을 설명!

'생선 냉동'의 4가지 기본

1 신선도가 좋은 생선을 그날 안에 냉동

생선은 상하기 쉬우므로 가정에서 안전하게 냉동하려면 신선한 생선을 신선도가 좋을 때 보관하는 것이 중요하다. 구입 당일 중에 처리하는 것이 좋다.

2 밑 손질을 하고 수분을 닦아낸다

생선은 내장부터 상하기 시작하므로 아가미, 내장, 비늘은 냉동 전에 제거한다. 토막을 낸 경우에도 비린내의 원인이 되므로 여분의 수분을 닦아낸다.

3 냉동용 지퍼 팩으로 확실히 밀봉한다

생선을 랩으로만 싸거나 비닐 팩에 넣어 냉동하면 건조와 산화의 원인이 된다. 다른 식품에 냄새가 밸 우려도 있다. 냉동용 지퍼 팩을 사용해 공기를 충분히 빼고 밀봉하도록 한다.

4 급속 냉동하여 맛을 유지한다

생선이 두꺼우면 냉기가 잘 전달되지 않기 때문에 지퍼 팩에 넣을 때는 가능한 한 얇게 담는다. 냉동실에 급속 냉동 기능이 없을 때는 금속 쟁반 위에 얹어 넣는다.

생선의 냉동 Q&A

보관 방법은? 보관 기간은?

Q 1 구입한 팩 그대로 냉동해도 괜찮을까?

A/ 팩 그대로는 NG! 산화와 건조가 진행되는 원인이 된다

육류와 마찬가지로 구입한 상태 그대로 얼리면 산화와 건조가 진행되기 쉽다. 게다가 팩이 단열재 역할을 하여 냉기를 차단하므로 냉동하는 데 시간이 걸린다. 생선에서 핏물 등의 수분이 나올 수 있으므로 키친타월 등을 이용해 확실히 닦아내고 랩으로 싼 후 냉동용 지퍼 팩에 넣는다. 밑 손질을 할 때는 손을 잘 씻고 깨끗한 젓가락이나 도마를 사용하여 작업한다.

Q 2 추천하는 생선 해동 방법은?

A/ 맛을 유지하고 실패하지 않는 '흐르는 물을 이용한 해동'

흐르는 물에 해동하는 방법을 추천한다. 먼저 그릇에 냉동 생선을 지퍼 팩째로 넣고 물을 흘려보내기만 하면 된다. 만져보았을 때 가운데가 아직 딱딱하면 반해동 상태가 기준이다. 이 상태가 조리하기 쉽고 핏물도 잘 생기지 않는다. 완전히 해동하고 싶을 때는 흐르는 물에 놓아둔다. 다만, 냉동한 생선을 해동하는 방법은 다양하므로 이 책에서 소개하는 각각의 페이지를 참고하면 OK.

Q 3 상온에서 해동해도 괜찮을까?

A/ 세균 증식을 막기 위해서도 피하는 편이 좋다

냉동한 생선을 상온에서 해동하면 그 존재를 잊고 방치하게 되는 일이 생긴다. 결국 세균이 증식하기 쉬운 온도 대에 장시간 노출될 수 있으므로 권장하지 않는다.

1장

채소·과일의 냉동 보관

시금치

생시금치를 그대로 잘라 냉동해도 OK!

생시금치처럼 사용할 수 있다

시금치를 맛있게 보관하는 방법으로 냉동을 추천한다. 손질이 쉽고 풍미가 떨어지지 않는 '생시금치를 그대로 냉동'하면 샐러드부터 조림, 볶음요리에 이르기까지 냉동하지 않은 시금치와 거의 똑같이 사용할 수 있다. 그리고 단맛과 부드러운 식감을 즐기고 싶다면 데쳐서 냉동하는 방법도 있다. 또한, 선명한 녹색을 그대로 지니고 있어 무침이나 수프에 적합하다.

생시금치 그대로 냉동

손질하지 않고 간편하게

시금치를 씻어 물기를 제거한 후에 3~4cm 길이로 썬다. 1회분(줄기 2개 정도)의 잎을 냉동용 지퍼 팩에 넣고 공기를 뺀다. 팩의 입구를 닫고 금속제 쟁반에 얹어 급속 냉동한다. 줄기와 뿌리는 랩에 싸서 따로 냉동한다.

뿌리를 씻을 때의 요령

흐르는 물에 씻어 흙을 제거한다

흐르는 물에서 뿌리를 펼쳐 손가락으로 흙을 털어낸다. 다시 시금치를 거꾸로 들고 뿌리부터 흐르는 물로 전체를 씻는다. 씻기 전에 3분 정도 뿌리를 물에 담가두면 흙이 물을 먹어 쉽게 떨어진다.

섬초도 생으로 냉동

섬초 시금치는 아린 맛을 제거할 필요가 없어서 생으로 냉동할 수 있다. 한 장씩 잘 씻어 물기를 닦아내고 먹기 좋은 크기로 자른다. 소분하여 냉동용 지퍼 팩에 담아 냉동하면 1개월 정도 보관할 수 있다.

데쳐서 냉동

단맛 & 선명한 색 유지

시금치는 흐르는 물로 밑동의 흙을 털어내고 전체를 씻는다. 데친 후 물기를 잘 짜서 먹기 좋은 크기(3~4cm 정도)로 자른다. 1회분씩 랩으로 싸서 냉동용 지퍼 팩에 담고 금속제 쟁반에 얹어 급속 냉동한다.

숨이 죽을 정도로만 미리 데친다

데칠 때는 밑동부터

끓는 물 약 1ℓ에 소금 1작은술을 녹인다. 시금치는 밑동부터 넣어 줄기만 30초 정도 데친 다음 전체를 넣고 20초 더 데친다. 줄기가 굵거나 잎이 단단할 때는 조금 더 시간을 두고 데친다.

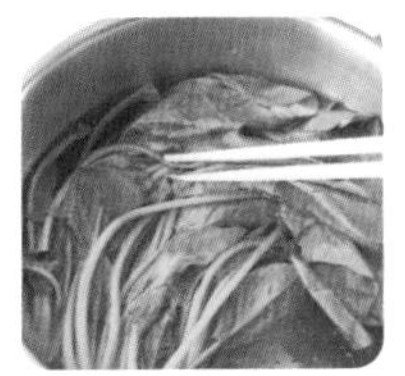

아린 맛 제거와 변색을 막기 위해 얼음물 사용

바로 식힌다

데치고 난 뒤에는 얼음물에 넣어 색이 변하는 것을 막고 식으면 바로 건져낸다. 얼음물이 없으면 찬물로도 충분하다.

해동 냉동 상태 그대로 가열 조리할 수 있다

미리 데쳐서 냉동한 경우, 볶음이나 수프 등은 얼린 채로 가열 조리할 수 있다. 그리고 나물이나 무침 등은 냉장실에서 3시간에서 반나절 정도 해동한 후에 간을 한다. 미리 데쳐서 냉동한 시금치는 아린 맛이 거의 없다.

해동

냉동한 생시금치로 볶음요리나 수프를 만들 때는 얼린 그대로 가열하여 조리하고 샐러드나 무침요리를 할 때는 냉장실에서 약 1시간 정도 해동하여 사용한다. 급하게 해동해야 할 때는 얼린 시금치 위에 뜨거운 물을 직접 뿌리면 시간을 단축할 수 있다. 한편 아린 맛이 신경 쓰이면 얼린 상태 그대로 뜨거운 물에 1분 정도 데친 후 사용한다. 또, 얼린 상태에서 소량의 맛 간장을 뿌려 해동시키면 약 15분 후에 맛있는 무침요리가 완성된다!

소송채

무르기 전에 냉동하여 보관하자

먹기 좋게 잘라
생채로 냉동하기만 하면 끝!

물기가 남아 있으면 냉동 과정에서 달라붙기 때문에 자르기 전에 키친타월을 이용해 물기를 완전히 제거한다. 3~4cm 길이로 자르면 편리하다. 냉동용 지퍼 팩에 넣은 다음 공기를 빼고 입구를 닫아 냉동한다. 한 번에 사용할 양을 각각 소분하여 지퍼 팩에 넣고 냉동하면◎.

밑동을 자르고 씻는다

편하게 세척하는 요령

소송채는 흐르는 물에 전체를 씻는다. 먼저, 진흙이 묻어 있는 뿌리 부분을 잘라낸다. 그릇에 물을 채우고 소송채를 넣어 손가락으로 문질러 씻는 것이 좋다.

해동

볶음이나 국물요리는 그대로
무침이나 나물은 자연 해동

얼린 상태 그대로 국이나 볶음요리에 사용할 수 있다. 국에 넣을 때는 살짝 끓이기만 하면 OK. 그리고 볶음요리에 사용할 때는 다른 식재료가 거의 익었을 때 넣으면 된다.

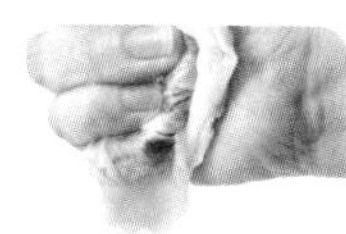

냉장실에서 2~4시간 자연 해동하면 삶지 않아도 식감이 부드럽게 변한다. 물기를 짜면 삶지 않고 그대로 무침과 나물에 사용할 수 있다. 시간이 없을 때는 냉동용 지퍼 팩 입구를 열고 그대로 전자레인지에서 가열한다. 500W에서 1분 (600W라면 50초) 가열하고 물에 살짝 담갔다가 물기를 짜고 요리에 사용한다.

보관 1개월

쑥갓

줄기는 3cm, 잎은 7cm로 자르기가 포인트

세척한 쑥갓은 키친타월 등을 이용해 물기를 잘 제거한다. 밑의 갈색 부분을 잘라내고 줄기는 2~3cm 길이로, 잎은 7~8cm 길이로 잘라 냉동용 지퍼 팩에 담는다. 줄기를 조금 짧게 자르면 잎과 동일한 가열 시간으로도 조리가 가능하다.

냉동용 지퍼 팩에 넣을 때는 줄기와 잎으로 구분해 넣기를 추천한다(사진). 잎에서부터 꺼내면 줄기와 잎을 고르게 꺼낼 수 있다.

이대로 냉동실에 IN!

해동

얼린 그대로 전골이나 수프에 넣기도 하고 볶아서 조리한다. 지퍼 팩을 가볍게 주물러주면 사용할 만큼 꺼내기 쉬운 상태가 된다. 무침 등의 요리는 얼린 그대로 데친 후에 조리한다.

청경채

보관 생3주간 데침1개월

이대로 냉동실에 IN!

물에 기름을 넣고 데쳐서 냉동한다

데칠 때 샐러드유를 넣어주면 윤기가 돌고 감칠맛을 더해준다. 냄비에 물 1ℓ를 끓이고 소금 2작은술, 샐러드유 한 큰술을 넣고 청경채 줄기는 30초 정도, 잎은 15초 정도 삶아서 물기를 짠다. 한 번에 사용할 양만큼 랩으로 싸서 냉동용 지퍼 팩에 담는다.

해동

얼린 그대로 전골이나 국에 넣거나 볶아서 조리한다. 또는 전자레인지(600W)에서 70g 기준 1분 가열하여 무침 등에 사용한다.

간편하게 보관하고 싶다면 '생청경채 그대로'

이대로 냉동실에 IN!

국이나 무침 요리에◎

청경채는 밑동을 잘라내고 잎과 줄기를 각각 2등분하여 자르면 사용하기 쉽다. 청경채는 밑동에 진흙이 잘 달라붙기 때문에 자른 다음에 씻는 게 요령이다. 물기를 잘 닦아내고 냉동용 지퍼 팩에 넣어 보관한다.

해동

해동하면 수분이 생기므로 얼린 채로 조리할 수 있는 국이나 조림, 찜 등을 추천한다. 얼린 채로 데쳐도 맛있다. 그리고 냉동하면 줄기의 섬유질이 파괴되어 부드러워지기 때문에 잎과 줄기를 동시에 가열해도 잘 익는다.

양배추

많은 양을 소비할 수 있는 3가지 썰기를 알아두자

양배추는 '생'으로 냉동할 수 있다!

양배추를 씻은 다음 채썰기(1~1.5cm), 나박썰기(가로세로 약 4cm), 쐐기모양썰기(약 3cm) 등 쓰임에 맞게 썰어두면 편리하다. 물기를 충분히 제거한 후 냉동용 지퍼 팩에 담고 공기를 빼 납작하게 만들어 냉동한다.

해동 국이나 볶음요리에는 그대로

미리 해동하지 않고 가열 조리에 사용한다. 가늘게 채 썬 냉동 양배추는 된장국 등의 국이나 수프 종류에 추천한다. 나박썰기한 냉동 양배추는 볶음요리에 적합하다. 쐐기모양으로 썬 양배추는 고기 등과 함께 메인요리에 사용하면 좋다(레시피 참조).

Recipe / 돼지고기와 양배추 전자레인지 찜

① 깊이가 있는 내열 용기에 쐐기모양으로 썬 냉동 양배추 다섯 덩이를 넣고 얇게 썬 삼겹살 150g을 양배추 사이에 끼우듯이 채워 준다. ② ①에 술 1큰술을 두르고 소금, 굵은 흑후추를 조금 넣고 가볍게 랩을 씌워 전자레인지(600W)에서 약 10분간, 여기서 중요한 것은 고기가 익어 색이 완전히 변할 때까지 가열한다. ③ 시중에서 판매하는 참깨 소스 적당량을 곁들인다.

양상추

보관
3주간

구입해서 '바로' 사용하지 않는 분량은 급속 냉동을!

이대로
냉동실에 IN!

쿠킹 포일로 싸서 급속 냉동한다

상하기 쉬우므로 구입하자마자 사용하지 않는 분량은 냉동하는 것이 좋다. 뜯어낸 상추 조각은 쉽게 색이 변하므로 가능한 한 빨리 냉동한다. 냉동용 지퍼팩을 쿠킹 포일로 싸는 방법도 있지만, 금속제 쟁반에 얹어도 OK.

해동

반드시 얼린 그대로 가열 조리한다

해동하면 수분이 생겨 싱거워질 수 있다. 얼린 그대로 가열 조리하여 요리에 사용하기를 추천한다. 수프나 된장국 등의 국물요리, 볶음, 찜 등에 얼린 양상추를 그대로 넣어 조리한다.

자르면서 지퍼 팩에

구입해서 바로 작업하자

먹기 좋은 크기로 잘라 냉동하면 편리하다. 물에 씻은 후 키친타월로 물기를 제거하고 손으로 잘라 냉동용 지퍼 팩에 넣는다. 이때 심이나 색이 변한 부분은 제거한다. 양상추는 금속과 접촉하면 색이 변하는 특성이 있으므로 칼은 사용하지 않는 것이 좋다.

상추도 냉동 가능!

여기도 가열 조리에도 사용

상추 등의 양상추 종류는 냉동 보관이 가능하다. 앞에서 소개한 양상추와 같은 방법으로 먹기 좋은 크기로 잘라 냉동한다. 이것도 가열 조리한 후에 먹도록 한다.

양배추
양상추

배추

먹기 좋게 잘라서 냉동하기만 하면 OK

배추는 용도에 맞게 자르는 방법을 달리한다. 볶음이나 전골용은 물에 씻은 후 3~5cm 두께로 큼직하게 썰고 된장국이나 무침용은 두께 1cm 정도로 채 썬다. 그런 다음, 물기를 닦아내고 냉동용 지퍼 팩에 넣어 공기를 빼면서 입구를 닫고 냉동실에.

이대로 냉동실에 IN!

해동

얼린 채로 전골이나 된장국에 넣어도 OK. 냉동하면 세포가 파괴되기 때문에 빨리 익고 간이 잘 밴다. 볶음요리를 할 때는 당근처럼 단단한 채소가 익은 뒤에 냉동 배추를 그대로 넣는다. 수분이 빠져나오기 때문에 마지막에 녹말가루를 첨가해 걸쭉하게 만든다.

Idea

자연 해동하여 무침 요리를

냉장실에서 자연 해동하여 물기를 꼭 짜면 절인 배추와 같은 식감이 난다. 소금을 조금 뿌리면 절인 효과를 낼 수 있다. 김치의 소(素)를 버무리면 즉석 김치 완성!

경수채

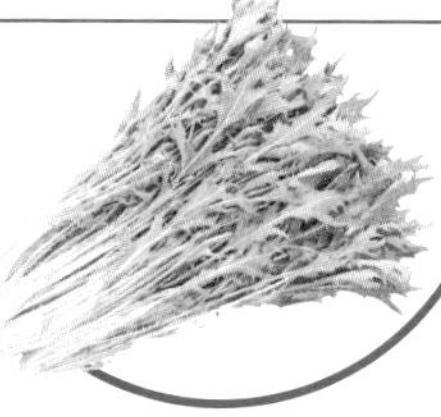

보관

1개월

해동하지 않고 그대로 조리 OK

이대로 냉동실에 IN!

경수채(미즈나)는 쉽게 시들기 때문에 서둘러 손질한다. 물에 씻은 뒤에 5~6cm 길이로 썰고 가볍게 물기를 제거한다. 냉동용 지퍼 팩에 넣고 공기를 완전히 뺀다. 이 상태로 냉동실에 넣는다.

해동

냉동한 경수채는 생으로 사용하지 않고 가열 조리한다. 해동하지 않고 그대로 요리에 사용할 수 있다. 전골이나 조림 등에 활용하는 방법을 추천한다.

식감을 맛보려면 냉장 보관을

건조를 예방해 신선도를 유지한다

씻지 않고 그대로 키친타월에 싼 다음 손으로 뿌리에 물을 살짝 뿌린다. 그런 다음, 구입할 때 들어 있던 포장 팩이나 비닐 팩에 넣어 냉장실 채소 칸에서 보관한다. 키친타월은 쉽게 곰팡이가 생기므로 5일 정도가 지나면 교환해 준다.

유채꽃

보관
생 2~3 주간
데침 3~4 주간

살짝 데쳐 냉동하면 식감과 맛을 유지할 수 있다

유채의 식감과 쌉싸름한 맛을 유지하고 싶으면 데쳐서 냉동하기를 추천한다. 소금물에 데친 유채는 찬물에 담그면 신선한 색을 잃지 않는다. 줄기의 단단한 뿌리 부분을 잘라내고 반으로 자른 다음 줄기 부분과 꽃 부분을 고르게 담아 랩으로 싼 후 냉동용 보관 팩에 넣는다.

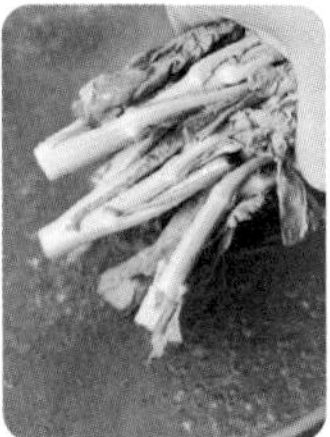

꽃 사이에 모래나 작은 벌레 등이 끼어 있을 수 있으므로 삶기 전에 흐르는 물에 충분히 씻어준다. 삶은 후에는 꽃 부분을 키친타월로 꾹꾹 눌러가며 남아 있는 수분을 제거한다.

해동

나물이나 무침에 사용할 때는 전자레인지(500W)에서 1분 30초 동안 가열한 후 간을 한다. 볶음이나 국물요리에 넣을 때는 냉동 상태 그대로 가열 조리한다.

시간이 없는 날은 생유채 그대로 냉동해도 OK

사용할 때는 충분히 가열한다

물에 씻어 물기를 잘 제거하고 뿌리의 단단한 부분을 잘라낸다. 그런 다음 100g 정도씩 랩으로 싸서 냉동용 보관 팩에 담는다. 조리할 때 충분히 가열하면 억센 식감이 줄어든다. 유채는 언 채로 썰고 볶음 요리라면 3분 정도 볶고, 나물요리에 사용할 때는 끓는 물에 넣고 한소끔 끓어오를 때까지 데쳐준다.

아스파라거스

보관
생 3주간
데침 1개월

데칠 필요 없이 전자레인지에서 해동해 바로 식탁에

냉장 보관하면 점차 맛이 떨어지기 때문에 그대로 냉동하는 편이 좋다. 손질한 아스파라거스(사진) 4개 정도를 한 번에 랩으로 싸고 냉동용 지퍼 팩에 넣어 냉동실에.

해동

얼린 채로 원하는 길이만큼 자르고 전자레인지(600W)에서 개당 45초 정도 가열하면 그대로 사용할 수 있다. 볶을 경우에는 조금 오래 볶아서 수분을 날리면 맛이 좋아진다. 데칠 때는 3~4개당 1분 45초 정도를 삶는다.

데치면 단맛을 유지할 수 있다

샐러드나 파스타에 토핑으로

물을 끓이다가 손질한 아스파라거스를 넣고 약 1분 30초간 데친다. 열을 식히고 나면 3~4개 정도를 한 번에 랩으로 싸고 냉동용 지퍼 팩에 겹치지 않게 넣는다. 사용할 때는 뜨거운 물을 붓거나 전자레인지(600W)를 이용해 개당 약 20초간 가열한다.

Idea

손질 요령

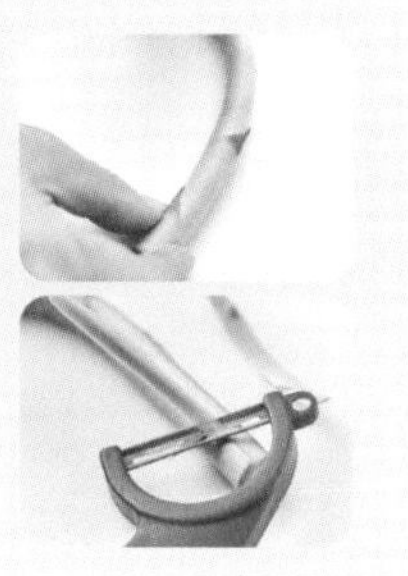

자른 단면은 마르기 쉬우므로 2~3㎜ 정도를 잘라내고 도마 위에 놓는다. 한 손으로 봉우리 끝을 누르고 다른 손으로는 뿌리를 잡아 휘면 '부러질 것 같은 곳'을 알 수 있다. 그 아랫부분을 필러나 칼로 깎아 내면 ◎.

대파

냉동한다

3등분하여 랩으로 싼다

씻은 대파는 밑동을 잘라내고 3등분하여 물기를 제거한다. 각각을 랩으로 싸고 냉동용 지퍼 팩에 넣는다. 냉동실에서는 금속 쟁반 위에 놓고 얼린 아이스 팩을 얹어 냉동한다.

이대로 냉동실에 IN!

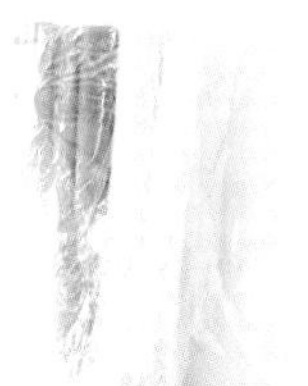

해동 얼린 채로 잘라 사용

냉동한 대파는 조리하기 전에 해동하면 수분이 빠져나와 감칠맛도 잃게 된다. 얼린 채로 잘라 가열 조리에 사용하는 것이 좋다.

냉장하면 수분을 유지해 오래 보관할 수 있다

1 키친타월로 감싼다

씻어서 밑동을 잘라내고 3등분한다. 물에 충분히 적신 키친타월로 아래쪽 절반을 감싸고 윗부분도 가볍게 적신 키친타월로 감싼다. 그리고 파란 잎 부분도 마찬가지 방법으로 손질한다.

2 

파란 잎 부분과 흰 부분으로 나누어 지퍼 팩에 넣는다. 세울 수 있는 지퍼 팩이나 케이스에 넣어 채소 칸에서 보관한다. 키친타월은 일주일에 한 번 갈아준다. 흰 부분은 약 3주, 파란 잎 부분은 약 2주간 보관이 가능하다.

Idea

파란 잎 부분은 냉동하면 먹기 편해진다

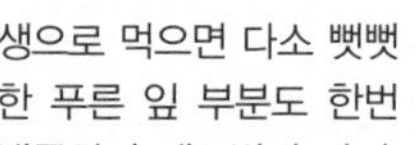

생으로 먹으면 다소 뻣뻣한 푸른 잎 부분도 한번 냉동하여 세포벽이 파괴되면 식감이 좋아지고 먹기가 편하다. 언 채로 잘게 썰어 달걀말이나 된장국에 넣거나 어슷썰기 하여 볶음요리에 사용한다. 또는 5cm 정도로 토막썰기 하여 전골이나 조림에 활용하면 좋다.

부추

용도에 따라

보관

긴 채로 1개월

큼직하게 다지기 3주간

길게 혹은 큼직하게 다져서

쉽게 상하므로 냉동을◎

부추는 냉장실에 보관하면 쉽게 상하므로 냉동 보관을 추천한다. 길쭉길쭉하게 썰어 냉동하면 식감이 거의 변하지 않고 향도 유지할 수 있다. 다져서 냉동하면 언 채로 조리할 수 있어 편리하다.

냉장 보관은 수분 증발을 방지

구입한 상태 그대로 보관하는 것은 NG

4~5일 이내에 모두 먹을 수 있을 때는 채소 칸에 보관해도 된다. 씻은 후 물기를 제거하고 길이를 3등분하여 키친타월로 감싼다. 그리고 지퍼 팩에 넣어서 세운 상태로 보관한다.

길쭉길쭉하게 썰어서 냉동

향과 식감을 유지할 수 있다

부추를 씻어 밑동 부분을 1cm 정도 잘라내고 냉동용 지퍼 팩에 들어갈 정도의 길이로 썬다. 부추는 꺾이지 않을 정도로 가능한 한 길쭉하게 자르면 향을 유지할 수 있다. 냉동용 지퍼 팩에 넣어 냉동실에 보관한다.

해동

사용할 때는 냉동실에서 꺼내 바로 썰고 볶음 등에 넣어 가열 조리한다.

큼지막하게 다져서 냉동

랩으로 싸서 신선도를 유지

부추를 씻어 밑동에서 1cm 정도를 잘라내고 큼직하게 다진다. 소분하여 랩으로 싸고 냉동용 지퍼 팩에 넣어 냉동실에.

해동

사용할 때는 얼린 상태에서 가볍게 주물러 풀어준다. 만두 속으로 사용해도 좋고 된장국이나 수프에 넣어도 OK.

토마토

큼직큼직하게 썰어서 얼리면 사용하기 편하다

껍질 채로 큼직큼직하게 썰기

토마토는 씨와 젤리 부분에 산미와 감칠맛이 있으므로 제거하지 않고 냉동한다. 단, 도마에 고인 과즙은 서리가 끼는 원인이 되므로 사용하지 않는다. 토마토가 너무 익으면 잘 안 썰리고 수분이 많이 나오므로 적당히 익히는 편이 낫다. 냉동용 지퍼 팩에 큼직하게 자른 토마토를 겹치지 않게 넣어 얼리면 사용할 때 필요한 만큼만 떼어내 꺼내기가 쉽다.

해동

생토마토를 큼직하게 썰어 냉동한 토마토는 반드시 가열 조리하여 사용한다. 평소 볶음요리에 얼린 채로 넣어도 좋으며, 그래야 전체적으로 토마토의 감칠맛으로 맛이 살아난다. 채소볶음을 만들 때는 고기→채소(양배추나 양파 등)의 순서로 볶다가 재료가 익은 후에 냉동 토마토를 넣는다. 토마토가 익을 때까지 살짝 볶아주면 완성.

통째로 냉동해도 OK

꼭지만 제거하고 팩에 담는다

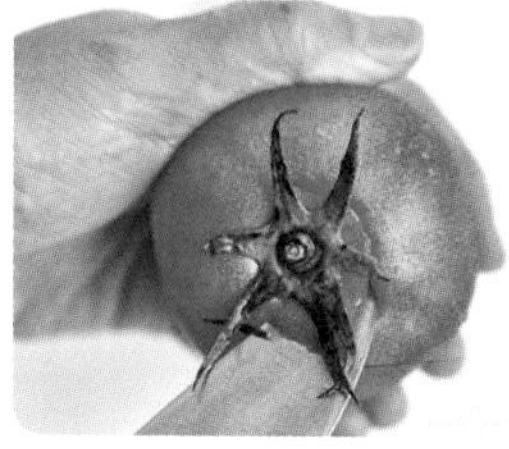

꼭지에 잡균이 살기 쉬우므로 칼날 끝으로 둥글게 칼집을 넣어 떼어낸 후 냉동용 지퍼 팩에 넣는다.

흐르는 물에서는 껍질이 쉽게 벗겨진다

데쳐서 껍질을 벗기는 수고를 덜 수 있다

흐르는 물에서는 껍질이 쉽게 벗겨진다. 절반 해동 상태가 되기 때문에 칼날이 잘 들어가 원하는 크기와 모양으로 썰기 쉽다. 단, 칼이 미끄러질 수 있으므로 주의한다. 꼭 칼날이 들어가는 상태까지 녹이도록 한다.

Idea

방울토마토도 그대로 냉동한다

꼭지만 떼어내고 겹치지 않게 냉동용 지퍼 팩에 담아 공기를 빼서 냉동한다. 필요한 만큼만 꺼내서 쓸 수 있다. 흐르는 물에 대고 껍질을 벗겨 사용한다. 수프에 넣어 끓이기만 해도 맛이 좀더 풍부해질 뿐 아니라 보기에도 좋다!

토마토 소스는 냉동하면 맛이 좋아진다

식히는 사이에 감칠맛이 우러난다

얼음물에서 급속 냉각

수제 토마토소스는 열을 식혀 냉동하는 과정에서 감칠맛이 우러나와 전체적으로 잘 스며들므로 맛이 더욱 좋아진다. 열을 식힐 때는 세균의 증식을 막기 위해 금속제 용기에 담아 얼음물에 담근다. 이따금 위아래를 뒤집어가며 섞으면 빠르게 식는다.

긴 젓가락을 이용해 칸을 나누어 냉동한다

소량씩 떼어내 사용할 수 있다

긴 젓가락을 이용해 十자 모양으로 칸을 나누어 냉동하면 소량씩 나누어 해동할 수 있어 편리하다.

해동

언 채로 냄비나 프라이팬에서 가열 해동. 또는 내열 용기에 옮겨 담아 부드럽게 랩을 씌워 약 300g 당 전자레인지(5COW)에서 2분 30초 가열하고 전체를 섞어 3분 30초 더 가열한다.

가지

보관
1 개월

통째로 냉동하면
1개월 동안

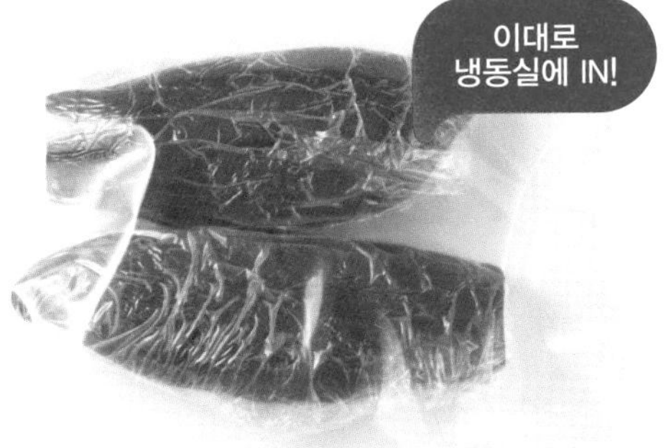
이대로
냉동실에 IN!

보관할 수 있다!

전자레인지에서 가열한 다음 그대로 냉동한다

가지를 전자레인지에 돌려 냉동하면 편하다. 꼭지를 잘라내고 내열 용기에 올려 가볍게 랩을 싸서 2개(160g) 기준 전자레인지(600W)에서 2분 30초간 가열한다. 꼭지가 붙은 가지를 가열하면 터질 수 있으므로 주의! 가열 후 랩을 벗겨내고 열을 식힌 뒤에 1개씩 랩으로 싸서 냉동용 지퍼 팩에 넣고 냉동한다. 색이 변하는 경우도 있지만, 맛에는 문제가 없다.

해동 전자레인지로 절반 해동하여 썰기

냉동 가지를 랩으로 싸서 내열 용기에 담고 1개 기준 전자레인지(600W)에서 30초 가열한다. 그리고 절반 해동 상태가 되기 때문에 요리에 맞게 썰기 편하다.

Recipe / 가지고기볶음 (2인분)

가지…4개
다진 돼지고기…150g
다진 마늘…1작은술
물…3큰술
참기름…1큰술

A
두반장…2작은술
설탕, 간장
…각 1/2작은술
소금, 후추
…각 적당량

①전자레인지에서 절반 해동한 가지는 세로로 8등분해 자른다. 팬에 참기름과 다진 마늘을 넣고 볶다가 향이 나면 돼지고기를 넣어 볶는다. ②고기가 하얗게 익으면 가지와 물을 넣고 숨이 죽을 때까지 볶는다. ③A를 넣은 후에 간을 맞춘다.

Recipe / 5분이면 완성, 가지조림도(2인분)

전자레인지로 절반 해동한 가지 2개의 껍질에 격자무늬로 칼집을 넣는다. 냄비에 가지와 물 200㎖, 간장 · 미림은 각각 2큰술을 넣고 4~5분간 끓인다. 기호에 따라 생강즙을 곁들인다.

오이

보관 2~3 주간

신선할 때 그대로 냉동실에

냉장실에 방치했다가 찌글찌글하게 시들어 있는 오이를 발견할 때가 종종 있다. 이런 일을 피하려면 신선할 때 냉동하도록 한다. 소금으로 문지르는 등 별도의 손질은 필요 없다. 잘 씻어 물기를 제거하고 랩으로 전체를 싸고 냉동용 지퍼 팩에 넣어 냉동실에 넣는다.

해동 흐르는 물에서 가볍게 해동하여 썰기

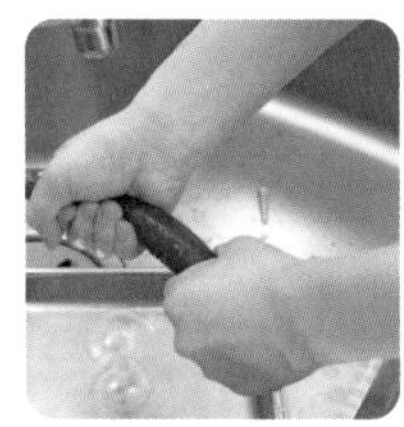

랩으로 감싼 오이를 흐르는 물에서 3분 정도 해동하다가 안쪽 부분은 아직 덜 녹은 절반 해동 상태가 되면 랩을 벗기고 손으로 물기를 잘 짠다. 원하는 크기로 썰고 간을 해서 사용한다.

Recipe / 시원한 식감을 즐기는 무침

토막 낸 냉동 오이는 꿀 1큰술, 곡물식초 2큰술, 소금과 후추를 각각 조금씩 넣어 함께 버무려 5분 정도 놓아두면 맛있는 피클이 된다. 막대 썰기를 한 경우에는 플레인 요구르트와 마요네즈를 각각 1큰술, 가루 머스터드 1작은술, 소금 조금을 함께 버무려 요구르트 샐러드를 만든다.

주키니호박

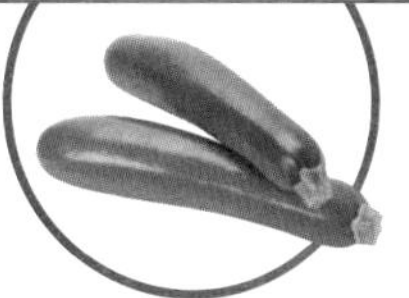

보관 3 주간

통째로 냉동해 신선함을 유지한다

자르지 않고 냉동하면 절단면이 없어 수분이 날아가지 않으므로 싱싱함을 유지할 수 있다. 별도의 손질은 필요 없다. 씻어서 물기를 제거한 후, 랩으로 싸서 냉동용 지퍼 팩에 넣고 냉동실에 넣는다.

잘라서 얼리기도 편리

용도에 따라 선택

깍둑썰기, 막대썰기, 통썰기 등을 하여 냉동용 지퍼 팩에 납작하게 넣어 냉동한다. 얼린 채로 수프나 파스타에 넣어 조리한다. 냉장실에서 자연 해동(50g 기준 약 4시간)하면 샐러드나 피클 등 가열하지 않고 생으로도 먹을 수 있다.

깍둑썰기

막대썰기

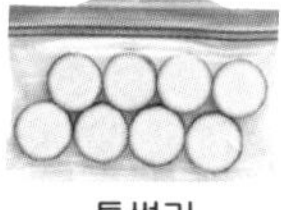
통썰기

해동

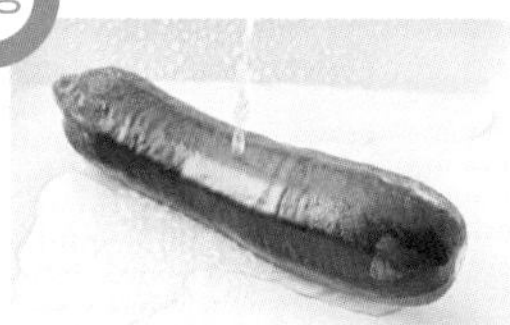

랩을 벗겨내고 2~3분간 흐르는 물에서 해동한다. 절반 해동 상태가 되면 키친타월로 물기를 닦아낸다. 생주키니호박과 같은 방법으로 썰어 조리할 수 있다. 생으로도 먹을 수 있으므로 샐러드에 도전해 보자.

피망

보관
1개월

잘라서 냉동하면 조리 시간을 단축할 수 있다

피망이 시들어 쭈글쭈글해지기 전에 냉동한다. 썰어서 냉동하면 조리에 사용하기 쉽다. 피망을 씻어서 꼭지와 씨를 제거하고 1.5cm 두께로 자른다. 그런 다음 키친타월로 물기를 닦아내고 겹치지 않게 냉동용 지퍼 팩에 넣은 후 냉동실에 넣는다.

이대로 냉동실에 IN!

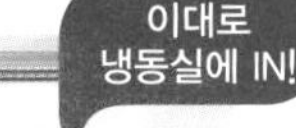

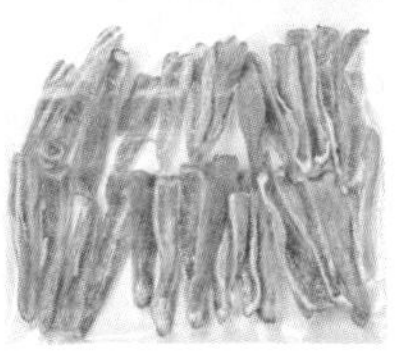

해동

냉동 상태로 다른 재료와 함께 가열 조리한다. 얇게 펴서 얼리면 사용할 만큼만 손으로 떼어 사용할 수 있어 편리하다.

냉장 보관하려면 개별포장 & 비닐팩 이용

이 방법으로 장기 보관 가능

피망은 쉽게 상하기 때문에 구입한 팩째로 보관하지 않는 편이 좋다. 피망을 물에 잘 씻은 후에 1개씩 키친타월로 싸서 비닐 팩에 넣은 후에 채소 칸에 보관한다. 팩 입구는 느슨하게 닫는다. 비닐 팩을 이용해 적당한 습도를 유지하면 피망의 신선도가 오래간다. 약 3주 정도 보관할 수 있다.

파프리카

보관
1개월

통째 얼려서 열화를 막는다

이대로 냉동실에 IN!

상온 혹은 냉장실에서 보관하면 점차 맛이 떨어지기 때문에 냉동 보관을 추천한다. 절단면이 적을수록 열화(劣化)를 막을 수 있으므로 통째 랩으로 싸고 냉동용 지퍼 팩에 넣어 냉동하면 맛이 오래 유지된다.

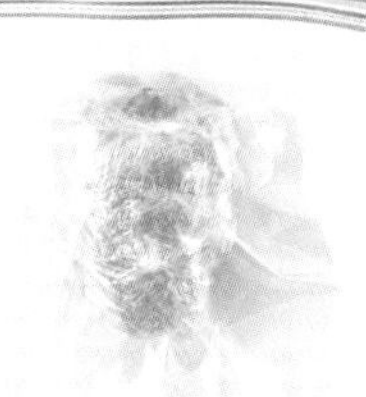

해동

5분 정도 상온에 두었다가 칼이 들면 세로로 반을 자른다. 꼭지와 씨, 속을 손으로 제거하고 가열 조리한다. 그라탱, 고기완자 등의 요리를 추천한다.

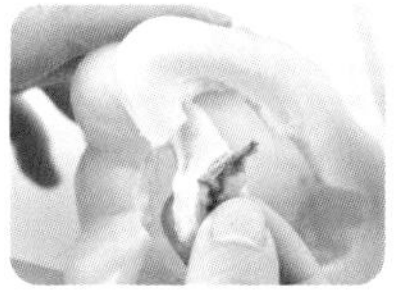

썰어서 냉동하는 방법도

소량씩 사용할 수 있어 편리!

가능한 한 큼직하게 썰되 냉동용 지퍼 팩에 넣었을 때 공기가 빠지기 쉽게 울퉁불퉁하지 않도록 모양에 따라 적당히 자르는 것이 포인트다. 우선 사진과 같이 위아래를 자르고 손으로 꼭지와 씨를 제거한 다음 가운데 토막은 주름을 따라 6등분하여 자른다. 속은 쓰고 식감이 좋지 않으므로 칼로 오려내는 것이 좋다. 냉동용 지퍼 팩에 넣을 때는 겹치지 않도록 주의한다. 사용할 때는 얼린 상태에서 원하는 크기로 잘라 볶음요리 등에 넣는다.

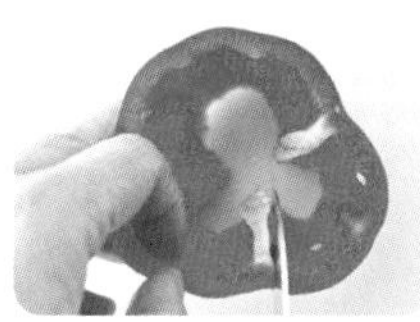

이대로 냉동실에 IN!

꽈리고추

보관 1개월

꼭지를 남긴 채 냉동용 보관 팩에 IN

꽈리고추는 냉장 보관하면 3~4일 만에 마르면서 상하기 시작하므로 냉동 보관을 추천한다. 식감이나 풍미가 거의 변하지 않는다. 꼭지를 자르면 절단면을 통해 산화가 일어나므로 줄기만 잘라 씻고 물기를 닦은 다음 냉동용 지퍼 팩에 담아 냉동한다.

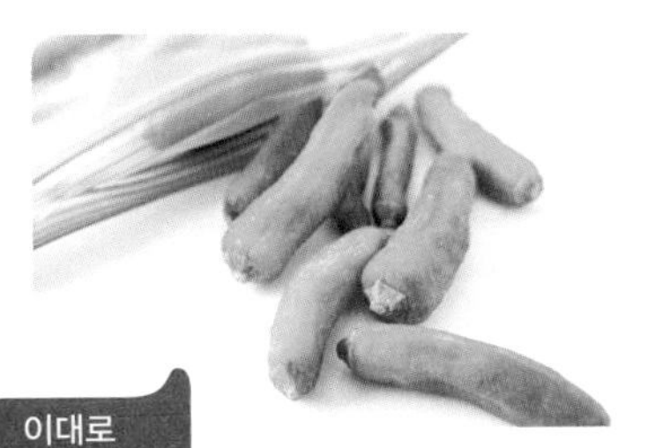

이대로 냉동실에 IN!

1주일 이내에 먹는다면 냉장 보관한다

키친타월과 비닐 팩을 활용

줄기만 잘라 씻고 물기를 제거한 후 한데 모아 키친타월로 감싼다. 비닐 팩에 넣어 채소 칸에서 1주일 정도 보관한다. 플라스틱 용기에 담겨 있을 때는 키친타월로 싼 후, 다시 용기에 담아 비닐 팩에 넣으면 신선함을 좀더 유지할 수 있다.

해동

1분 정도 상온에 두면 칼이 잘 들기 때문에 잘라서 가열 조리한다. 통째로 볶을 때는 몇 군데 칼집을 넣어 주자. 가열해도 고추가 터지지 않는다.

오크라

보관 1개월

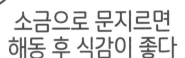

소금으로 문지르면 해동 후 식감이 좋다

냉장실에서는 4~5일밖에 보관할 수 없다. 간단하게 손질해서 냉동할 것을 추천한다. 먼저 도마에 오크라를 얹고 소금 한 줌 뿌린 뒤 손바닥으로 데굴데굴 굴린다. 이렇게 하면 표면의 잔털이 제거되어 식감이 부드러워진다. 그러고 나서 꼭지 끝부분을 잘라내고 꼭지 주변을 돌려 깎기 한다. 깨끗이 씻어 물기를 닦고 생채로 냉동한다.

냉동용 보관 지퍼 팩에 넣을 때는 오크라를 2~3개씩 랩으로 싸서 담는다.

이대로 냉동실에 IN!

전자레인지에서 가열해 냉동해도 OK

무침이나 샐러드에

오크라는 적당히 데치기가 까다롭다. 하지만 전자레인지로 가열하면 적절한 식감을 살릴 수 있을뿐더러 해동 후 가열 조리할 필요가 없다. 내열 용기에 가지런히 담고 여유 있게 랩을 씌워 전자레인지(600W)에서 40초 가열한다. 열이 식으면 2~3개씩 랩으로 싸고 냉동용 지퍼 팩에 넣어 얼린다. 전자레인지로 열을 가했기 때문에 무침이나 샐러드에 그대로 사용할 수 있어 편리하다. 칼로 썰 때는 1~2분간 상온에 놓아둔다.

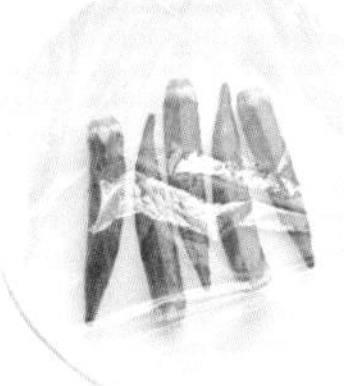
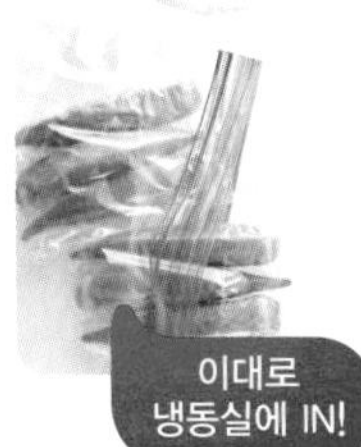

이대로 냉동실에 IN!

해동

냉동실에서 꺼내어 그대로 볶음이나 조림 등에 사용한다. 칼로 썰 때는 1~2분 상온에 놓아둔다.

브로콜리

작은 송이를 나누어 생으로 냉동하면 해동이 간편

브로콜리의 풍미를 중시한다면 가볍게 데쳐서 냉동하기를 추천하지만 생으로 냉동해도 OK. 해동 후에도 잘 무르지 않고 식감도 유지할 수 있다. 브로콜리는 송이와 줄기를 잘라낸 뒤 잘 씻어서 3~4송이씩 랩으로 잘 싼다. 겹치지 않도록 냉동용 지퍼 팩에 넣고 냉동실에 보관한다.

이대로 냉동실에 IN!

해동

브로콜리는 얼린 상태로 조리를 할 수 있다. 자연 해동하면 싱거워지므로 얼린 상태로 데치거나 볶거나 쪄서 사용한다.

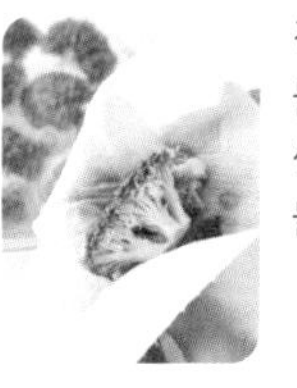

작은 송이로 나눈 브로콜리는 물이 담긴 그릇에 넣고 흔들어 씻는다. 그런 다음 키친타월로 물기를 잘 닦아낸다.

Idea

냉동실이 가득하면 브로콜리를 용기에 담는다

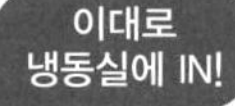

냉동 브로콜리는 송이 부분이 쉽게 부서진다. 냉동실 내부가 다른 식품으로 가득 찬 경우에는 송이를 보호할 수 있게 냉동용 보관 용기에 넣어 냉동한다.◎

콜리플라워

보관

생3주간

데침 1개월

데쳐서 냉동하면 단맛을 유지

콜리플라워는 데쳐서 냉동하면 해동 후에도 단맛을 고스란히 느낄 수 있다. 작은 송이로 나누어 두면 사용하고 싶은 만큼만 바로 조리할 수 있어 편리하다. 물을 채운 그릇에서 2~3회 씻어 이물질을 제거하고 데쳐서 식힌 후 냉동용 지퍼 팩에 넣는다.

냉동 상태로 가열 조리한다. 냄비에 넣어 수프를 끓이거나 그라탱 요리에 추천한다. 냉동실에서 50g 기준 약 3시간 정도 해동해 샐러드에 사용해도 좋다.

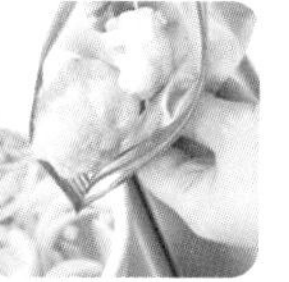

생으로 냉동하면 간편!

신선할 때 냉동한다

콜리플라워의 작은 송이를 잘라 잘 씻고 물기를 제거한 뒤 냉동용 지퍼 팩에 담는다. 냉동 상태로 데치거나 수프에 넣거나 볶는 등 가열 조리를 추천한다. 자연 해동하면 식감이 변하고 단맛도 없어지기 때문에 피한다.

Idea

레몬즙을 넣어 데치면 변색을 방지할 수 있다

팬에 2cm 정도의 물을 붓고 중간불에서 가열한다. 끓으면 물 전체 양의 1% 되는 소금(물 500㎖일 때는 1작은술)과 레몬즙(1/2작은술)을 넣고 작은 송이로 나눈 콜리플라워를 2분간 데친다.

보관 1개월

당근

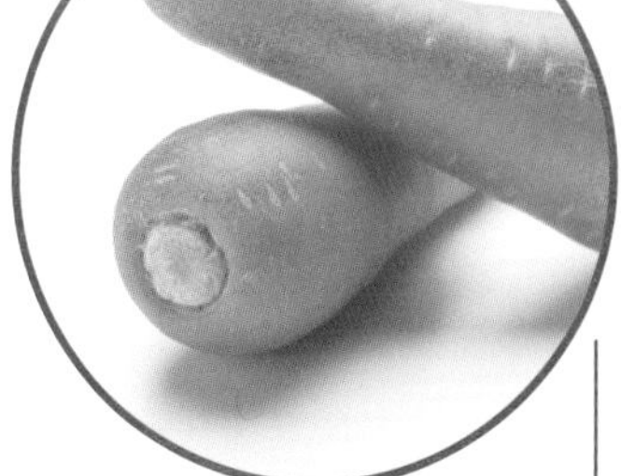

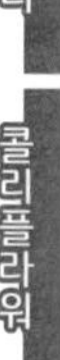

얇게 썰어 냉동하면 맛있다
이대로 냉동실에 IN!
신선도를 유지하자!

남은 당근은 상하기 전에 냉동한다

사용하고 남은 당근은 절단면부터 마르고 쉽게 상한다. 얇게 썰어서 냉동하는 것이 좋다. 껍질을 벗기고 얇은 은행잎 썰기나 채썰기 또는 채칼로 얇게 썰어 냉동용 지퍼 팩에 납작하고 평평하게 담는다. 당근은 냉동·해동하면 식감이 달라지지만, 얇게 썰면 크게 걱정하지 않아도 된다.

해동

어떤 방법으로 썰든 필요한 양만큼 뚝뚝 끊어서 떼어내 얼린 채로 가열 조리한다. 조림이나 된장국 등 다양한 요리에 사용할 수 있다.

냉장 보관을 위한 포인트

구입한 후에는 바로 팩에서 꺼낸다

당근은 수분이 묻어 있으면 상하기 쉬우므로 구입한 후에는 반드시 팩에서 꺼낸다. 건조에도 약하기 때문에 껍질을 벗겨서 보관하는 것도 NG. 팩에서 꺼내어 물기를 닦은 후, 한 개씩 키친타월로 싸고 2~3개를 한 번에 비닐 팩에 담는다. 채소 칸에서는 잎이 달린 쪽이 위로 가게 세워 보관한다. 키친타월을 3~4일 간격으로 갈아주면 약 1개월 정도 보관할 수 있다.

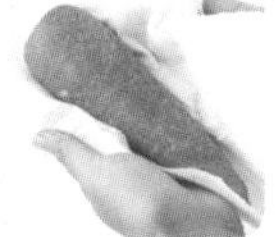

Recipe /

오렌지주스에 절여 냉동하면 간단한 당근 라페(carottes râpées)가

껍질을 깐 당근 1/2개 분량을 채 썬다. 냉동용 지퍼 팩에 오렌지주스 3큰술과 함께 넣고 얇고 평평하게 만들어 냉동한다. 당근은 약 1개월 보관할 수 있다.

상온에서 15분 정도 해동한다. 그러고 나서 샐러드 토핑, 감자샐러드 재료로도 사용할 수 있다. 또한, 당근 라페는 해동한 당근에 식초 1큰술, 올리브오일 1/2큰술, 소금 · 후추, 커민씨, 건포도 각각 적당량을 섞기만 하면 된다.

옥수수

수염을 자르고 껍질 채로 냉동한다

바로 먹으려면 냉장 보관이 OK◎

키친타월로 싸면 좋다

옥수수의 수염과 껍질을 벗기지 않고 1개씩 키친타월로 감싼다. 지퍼 팩에 넣어 입구를 닫고 냉장고의 채소 칸에서 보관한다. 냉장에서 3일 정도 보관할 수 있다.

손질 없이 간편 냉동

옥수수는 생으로 냉동할 수 있다. 신선도를 유지하려면 껍질이 있는 상태가 좋다. 옥수수의 수염 끝을 가위로 잘라내고 주위의 흙을 털어낸다. 그리고 하나씩 랩으로 싸고 냉동용 지퍼 팩에 넣어 냉동실에 넣는다.

해동

랩을 씌운 채 내열 용기에 얹어 전자레인지(600W)에서 1개(300g)를 기준으로 6~8분 정도 가열한다. 껍질을 벗기면 '삶은 옥수수' 완성.

요리에 사용하려면 랩으로 싼 그대로 껍질째 전자레인지(600W)에서 1~2분 정도 가열하고 나서 껍질을 벗겨 먹기 좋게 잘라서 사용한다. 아직 딱딱할 경우에는 1~2분 더 가열한다.

Idea

전자레인지로 가열한 후 냉동하면 단맛을 유지

좀더 옥수수의 단맛을 즐기고 싶다면 전자레인지로 가열한 후 냉동하는 방법을 추천한다. 수염의 끝을 잘라 흙을 털어낸 후, 껍질째로 내열 용기에 얹어 여유 있게 랩을 씌우고 전자레인지(600W)에서 1개(300g) 기준 4~5분, 2개(600g)는 8~10분 가열한다. 랩을 씌운 채로 차게 식힌 후 랩을 벗겨내 껍질의 수분을 닦아낸다. 다시 1개씩 랩으로 싸서 냉동용 지퍼 팩에 넣는다. 해동할 때는 랩을 씌운 그대로 내열 용기에 얹어 전자레인지(600W)에서 한 개(300g) 기준으로 3~4분 가열한다.

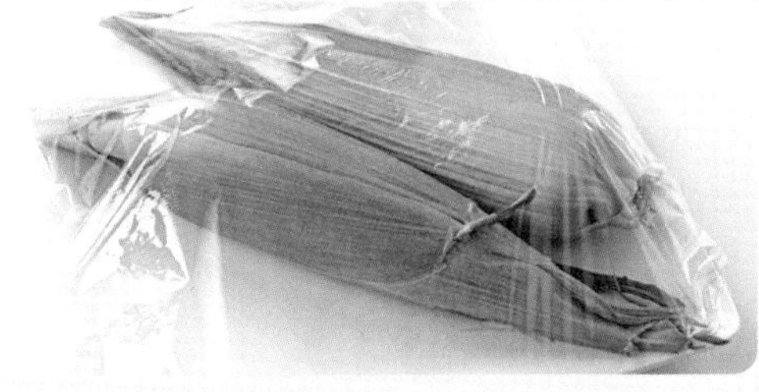

보관 2주간

여주

쓴맛과 향 모두 남는다 생채로 반달썰기 해서 냉동한다

제철에는 많이 소비하는 데 어려움을 겪기 쉬운 여주, 꼭 냉동을 활용하자. 씨와 속을 파내고 8㎜ 두께로 반달썰기를 한다. 냉동용 지퍼 팩에 겹치지 않게 담고 공기를 빼 얇게 만들어 냉동실에 넣는다. 얇게 펴면 사용하고 싶은 만큼만 꺼내기 쉽다.

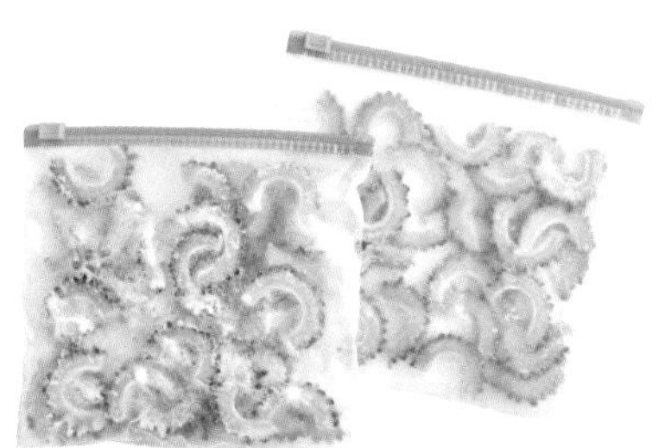

해동

볶음이나 조림 등 가열 조리 도중에 얼린 채로 넣어주기만 하면 된다. 얇게 썰어서 냉동시켰기 때문에 익는 속도가 빠르다.

Idea

데쳐서 쓴맛을 제거하고 냉동실에

데치면 쓴맛 성분이 뜨거운 물에 녹아 나와 많이 완화된다. 생여주와 마찬가지로 8㎜ 두께로 반달썰기 한 여주를 끓는 물에 20초간 살짝 데쳐 수분을 제거하고 냉동용 지퍼 팩에 겹치지 않게 담아 공기를 뺀 후 냉동실에 보관한다.

얼린 채로 볶거나 카레에 넣어 끓이는 등 가열 조리에 사용하기를 추천한다.

보관 1개월

아보카도

잘라서 냉동하는 것이 편리 레몬즙을 잊지 말자

변색을 방지하려면 아보카도를 통째로 냉동하면 좋겠지만 용도에 맞게 잘라서 냉동해 두면 편리하다. 자른 아보카도는 레몬즙과 식초, 올리브오일 등을 뿌려 갈변을 예방한다. 사용하기 편한 분량을 랩으로 싸고 아보카도끼리 최대한 밀착시켜 공기와 접촉하는 면을 줄이면 갈변 현상이 잘 일어나지 않는다. 냉동용 지퍼 팩에 평평하게 넣고 금속제 쟁반에 담아 냉동실에 넣는다.

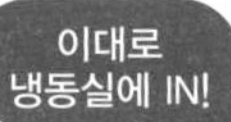

이대로 냉동실에 IN!

해동

사용할 때는 냉장실에서 해동. 상온에서 자연해동도 가능하지만 방치하면 열화될 수 있으므로 주의한다.

아보카도 씨앗을 능숙하게 제거하는 2가지 방법

十자로 잘라 손으로 꺼낸다

① 껍질에 칼집을 넣어 아보카도의 씨를 피해 한 바퀴 돌린다. ② 아보카도를 90도 회전시켜 같은 방법으로 칼집을 넣는다(꼭지에서 보았을 때 十자로 칼집이 들어간다). 칼집을 따라 비틀어 씨 주변을 느슨하게 만든 다음 과육을 벌려 씨앗을 꺼낸다.

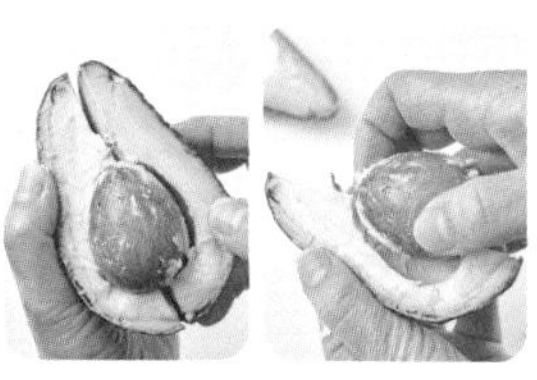

필러나 스푼으로

① 먼저 한 바퀴 빙 둘러 껍질에 칼집을 내고 양쪽에서 비틀어 씨 주변을 느슨하게 만든 다음 과육을 반으로 나눈다.
② 필러의 칼날을 씨에 대고 껍질을 벗기듯 깊게 넣은 후 씨를 흔들어 주변을 느슨하게 만든 다음 꺼낸다. 잘 안 될 때는 큰 숟가락으로 씨를 도려내는 방법도◎.

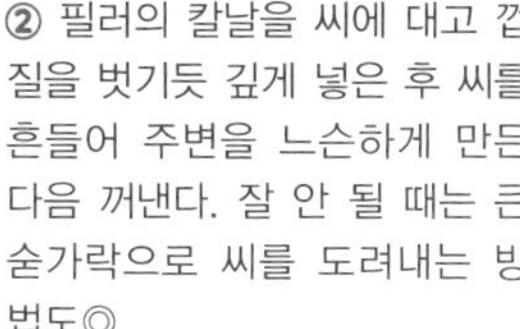

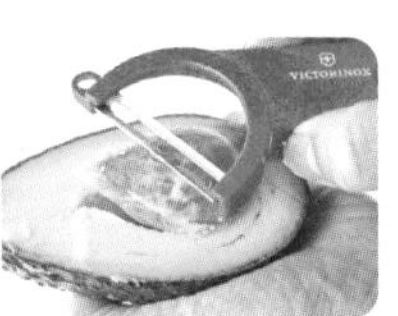

양파

이대로 냉동실에 IN!

냉동하면 단맛이 UP

쐐기모양 썰기

얇게 썰기

다지기

빠르게 익어 요리 시간도 단축

사용하기 쉬운 크기로 썰어 냉동한다

양파를 방치하면 썩어버리므로 그 전에 냉동하는 것이 가장 좋다! 껍질을 벗겨 쐐기모양이나 얇게 썰거나 다지는 등 사용하기 편한 크기로 썰어 냉동용 지퍼 팩에 평평하게 펴서 담고 공기를 빼서 냉동실에 넣는다.

해동

썰어서 냉동한 양파는 간이 잘 밴다

사용하고 싶은 만큼만 손으로 밀어서 꺼내고 얼린 채로 가열 조리한다. 냉동하면 세포벽이 파괴되어 빠르게 익을 뿐 아니라 간도 잘 밴다. 쐐기모양으로 썬 것은 조림이나 볶음 등에 다지기나 얇게 썬 것은 양파 캐러멜라이징 등에 사용한다.

대량으로 구입했다면

통째로 냉동!

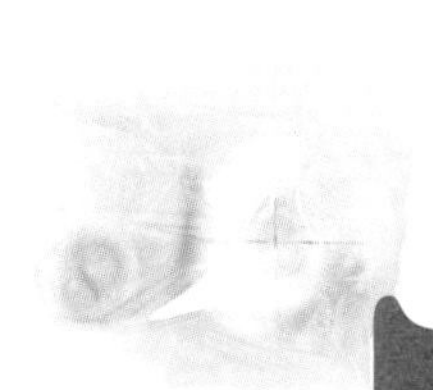

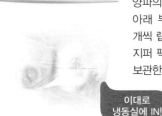

양파의 껍질을 벗기고 위아래 부분을 잘라내고 1개씩 랩으로 싸서 냉동용 지퍼 팩에 넣어 냉동실에 보관한다.

이대로 냉동실에 IN!

해동 통째로 냉동한 양파도 다양하게 사용할 수 있다

통째로 냉동한 양파를 그대로 전골에 넣어 끓이면 달콤하고 진한 국물을 만들 수 있다. 썰어서 사용하고 싶을 때는 냉장실에서 3시간 해동하면 칼이 잘 들어가므로 원하는 크기로 썰어서 가열 조리에 사용한다.

간이 잘 배게 만드는 요령

十자 칼집을 넣는다

양파의 껍질을 벗겨 위아래를 잘라낸 뒤 각각 1cm 남짓하게 십(十)자 칼집을 넣는다. 이 작은 수고로 조리할 때 간이 잘 배게 된다.

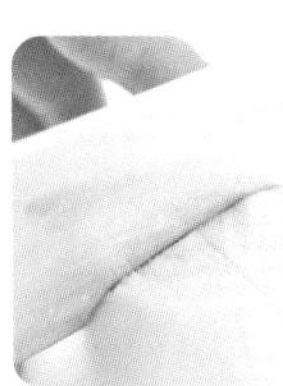

Idea

냉동 양파는 단 10분이면 캐러멜색으로

1. 먼저 팬에서 녹인다

샐러드유를 둘러 달군 팬에 얇게 썬 냉동 양파를 넣는다. 양파는 지퍼 팩 안에서 덩어리를 풀고 나서 넣으면 된다. 뚜껑을 덮고 센 불에서 2~3분 가열하여 녹인 후 뚜껑을 열고 나무 주걱을 이용해 볶는다.

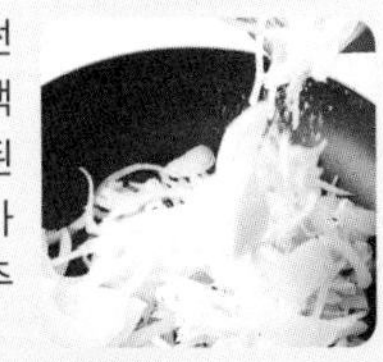

2. 노릇노릇해지면 물을 붓는다

양파가 노릇노릇해지면 물 1큰술을 넣고 누른 것을 긁어내 양파와 함께 볶는다. 불 조절은 강한 불 상태로 OK. 양파가 캐러멜색을 띠면 완성이다. 생양파로 만들 때는 수십 분에서 1시간 정도 걸리지만, 냉동 양파를 이용하면 약 10분 만에 완성!

3. 양파 캐러멜라이징도 냉동 OK

양파 캐러멜라이징을 사용하기 쉬운 양만큼 소분하여 랩으로 싸서 냉동용 지퍼 팩에 넣고 팩 입구를 닫아 냉동한다. 냉동실에 2주 정도 보관할 수 있다. 수프에는 얼린 채로 넣어 가열하면 OK. 카레에 넣거나 토스트에 넣을 경우는 전자레인지에서 해동한 후 사용한다.

햇양파도 냉동해서 장기 보관

해동 후에도 생으로 먹을 수 있다!

햇양파는 생으로 먹어야 맛있을뿐더러 수분이 많아 오래 보관하지 못하기 때문에 냉동하는 것도 하나의 방법이다. 용도에 맞게 썰어 두면 편리하지만, 통째로도 OK. 냉동용 지퍼 팩에 넣어 공기를 빼고 밀봉해 냉동실에 넣는다. 썬 양파는 얇고 평평하게 담는다.

자연 해동하면 생으로 먹을 수 있다

냉장실에서 1~2시간

지퍼 팩에서 사용할 만큼만 꺼내 랩을 씌워 냉장실에서 1~2시간 자연 해동한다. 그리고 물기를 짜면 생으로 맛있게 먹을 수 있다. 얇게 썬 경우는 간장 등의 조미료가 스며들게 하면서 자연 해동하고, 물기를 짜고 나서 가다랑어포 등의 다른 재료를 첨가한다.

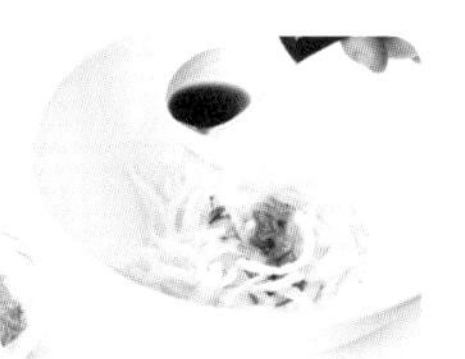

양파

무

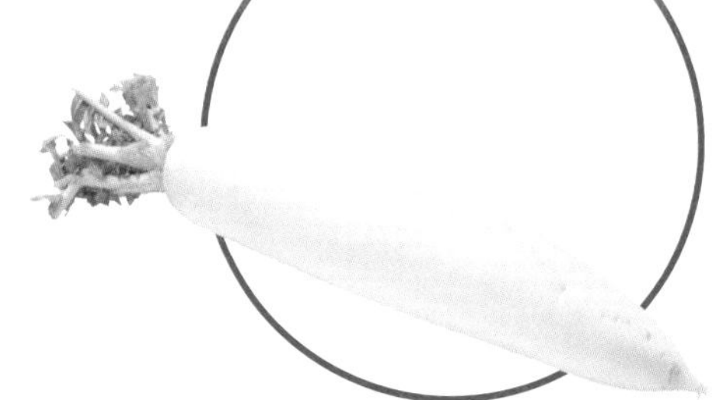

여러 모양으로 썰어서 냉동해 두면 낭비 없이

이대로 냉동실에 IN!

통썰기 은행잎썰기 골패썰기

다 사용할 수 있다

용도별로 잘라서 냉동해 둔다

무 하나를 통째로 사면 맛있는 동안 모두 사용하지 못하는 경우가 종종 생긴다. 이때는 된장국, 조림, 샐러드나 절임, 무즙 등 용도별로 썰어 냉동하기를 추천한다. 껍질을 벗겨 원하는 크기로 썬 다음, 키친타월로 물기를 제거하고 사용하기 편하게 소분하여 랩으로 싼다(통썰기한 것은 랩으로 싸지 않아도 OK). 냉동용 지퍼 팩에 담아 냉동실에 넣으면 2주 정도 보관할 수 있다.

해동

냉동한 채로 가열 조리한다. 된장국은 끓는 물에 냉동 무를 넣고 조리한다. 조림은 냄비에 냉동 무와 물, 양념을 넣고 끓인다. 냉동 무는 중심까지 맛이 고르게 스며들어 생무로 만든 조림보다 좀더 부드러운 식감을 즐길 수 있다.

맛과 식감을 유지하는 무즙 냉동

수분을 조금 남긴다

무 껍질을 벗기고 강판에 갈아 체에 내려 자연스럽게 물을 뺀다. 손으로 짜면 수분이 너무 빠져나가서 식감이 좋지 않으므로 주의한다. 냉동용 지퍼 팩에 1회 분량(150g 사진)을 넣고 공기를 뺀 다음 냉동한다. 냉동실에서 3주 정도 보관할 수 있다.

이대로 냉동실에 IN!

해동

냉장실에서 자연 해동하거나 전자레인지의 해동 모드를 이용한다. 체에 걸러 자연스럽게 물기를 빼서 사용한다. 생선구이나 달걀말이에 곁들이거나 무침이나 조림에 활용한다.

밑간을 해서 냉동하면 해동 즉시 하나의 요리가 완성

냉동 중에 맛이 배어든다

무 껍질을 벗겨 채썰기나 은행잎썰기를 한다. 한 번에 먹을 양(사진 약 200g)을 냉동용 지퍼 팩에 담고 좋아하는 드레싱이나 단식초 등을 첨가하여(무 200g에 1큰술과 1/2 정도), 손으로 주물러 흡수시킨다. 무를 평평하게 하고 공기를 빼 평평한 상태 그대로 냉동한다. 냉동실에서 3주 정도 보관할 수 있다.

이대로 냉동실에 IN!

해동

냉장실에서 자연 해동하거나 전자레인지를 이용해 해동한다. 손으로 물기를 짠다. 싱거우면 소금 등으로 간을 조절한다.

순무

일단 통째 냉동하여

○ 맛을 유지

변색의 원인이 되는 껍질은 벗긴다

순무의 신선함을 유지한 상태로 오래 보관하고 싶다면 통째로 냉동하기를 추천한다. 절단면이 적어 수분을 빼앗기지 않는다. 줄기의 밑동은 냉동하면 갈변이 생기므로 잘라서 가볍게 씻어 물기를 완전히 제거하고 껍질을 벗긴다. 1개씩 랩으로 잘 싸서 냉동용 지퍼 팩에 담아 냉동한다. 잎이 달린 경우에는 잎과 줄기도 5cm 길이로 썰어 냉동할 수 있다.

해동

랩을 벗기고 10초 정도 흐르는 물에 둔다. 절반 해동 상태가 되면 물기를 제거하고 썰어서 조림 등에 사용한다. 생으로 먹을 수 있으므로 간을 하여 마리네(mariner)나 겉절이에 사용해도 OK. 랩을 씌운 채 내열 용기에 얹어 전자레인지(600W)에서 3분 가열하면 말캉말캉한 상태가 된다. 그대로 소금, 후추, 올리브유를 뿌려서 먹거나 콩소메 수프에 넣으면 ◎.

Recipe / 밑간해서 냉동하면 자연 해동하여 겉절이로

순무는 껍질을 벗겨 2㎜ 두께로 반달썰기를 하고 냉동용 지퍼 팩에 평평하게 펴서 넣는다. 순무 1개(약 100g)에 맛간장(2배 농축) 2작은술을 넣고 팩 위에서 주물러 간이 배게 한다. 그러고 나서 공기를 빼고 냉동하면 1개월 정도 보관할 수 있다.

먹을 때는 냉장실에서 자연해동(100g 기준 2시간)하거나 내열 용기에 담아 랩을 씌워 전자레인지에서 100g 기준 45초간 가열한다. 그대로 겉절이로 먹거나 게맛살과 버무려도 좋다.

썰어서 보관하면 냉동한 채로 사용할 수 있다

반달썰기나 쐐기모양으로 썰기

껍질을 벗긴 후 원하는 크기로 썰어 냉동용 지퍼 팩에 평평하게 펴서 담는다. 그러고 나서 공기를 빼고 밀봉하여 냉동한다. 얼린 채로 국이나 조림에 넣거나 볶아서 조리한다. 순무는 냉동하면 섬유질이 파괴되기 때문에 짧은 시간에 부드러워진다.

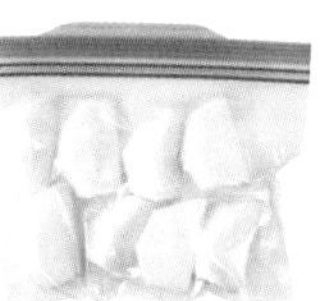

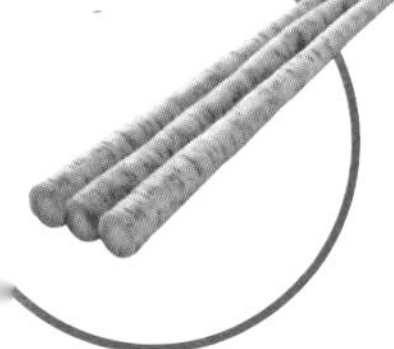

우엉

질긴 식감을 피하는 냉동 방법

우엉은 냉장 보관해도 오래 사용할 수 있지만 키친타월을 3일에 한 번 갈아주어야 하므로 냉동 보관이 편하다. 생으로 냉동할 때는 크게 잘라 절단면을 적게 한다! 절단면이 많은 돌려 깎기나 채썰기는 볶은 후에 냉동한다.

생으로 냉동한다

잘 씻은 우엉을 4㎝ 길이로 잘라 물에 살짝 담갔다가 물기를 제거한다. 한 번에 사용할 양씩 랩에 싸서 냉동용 보관 지퍼 팩에 담는다. 금속제 쟁반에 담고 아이스 팩을 얹어 냉동한다.

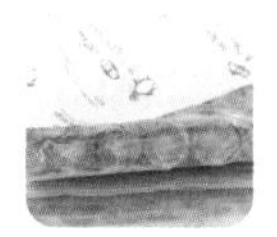

해동 언 채로 썰어 가열 조리할 수 있다. 잘 썰리지 않을 때는 상온에 3분 정도 놓아둔다. 조림, 국, 볶음 등 다양한 요리에 사용할 수 있다.

볶아서 냉동한다

잘 씻어 돌려 깎거나 채 썬 우엉은 물에 살짝 담갔다가 물기를 잘 닦은 후, 샐러드유에 살짝 볶아 식힌다. 한 번에 사용할 양만큼 랩에 싸서 냉동용 지퍼 팩에 넣고 금속제 쟁반에 담아 아이스 팩을 얹어 냉동한다.

해동 얼린 채로 국, 볶음, 전골요리 등에 넣어 가열 조리한다. 우엉을 볶는 수고스러움이 있지만, 해동하여 조리할 때는 칼을 쓸 일이 없어 시간이 단축된다.

연근

보관 1개월

식초 물에 담갔다가 세로로 잘라 냉동하면 편리

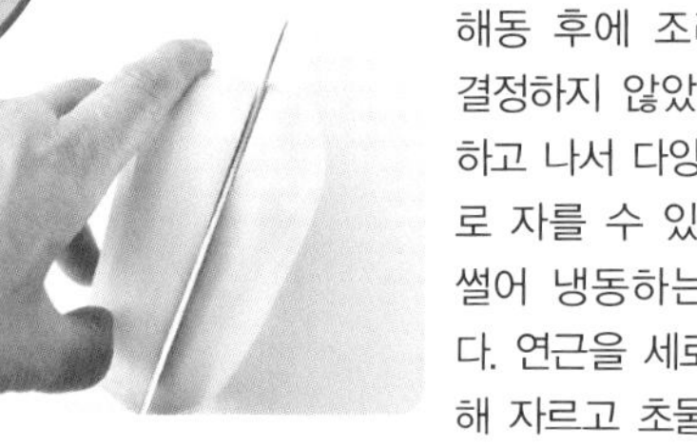

해동 후에 조리 용도를 결정하지 않았다면 해동하고 나서 다양한 모양으로 자를 수 있게 세로로 썰어 냉동하는 것이 좋다. 연근을 세로로 2등분해 자르고 초물(물 2컵에 식초 1작은술 정도)에 담갔다가 물기를 닦아낸다. 랩으로 잘 싸서 냉동용 지퍼 팩에 담아 냉동한다.

해동 상온에 3분 정도 놓아두면 칼날이 들어갈 정도로 해동된다. 다양한 모양으로 썰 수가 있다.

통썰기를 하여 냉동하면 사용할 만큼 꺼낼 수 있다

이대로 냉동실에 IN!

연근의 껍질을 벗기고 1㎝ 두께로 통썰기를 하여 세로로 잘랐을 때와 마찬가지로 식초 물에 담갔다가 물기를 제거한다. 냉동용 지퍼 팩에 담아 냉동한다.

해동 냉동실에서 꺼내어 그대로 조리할 수 있다. 연근 스테이크나 연근 전에 제격이다.

갈아서 냉동할 수도 있다

이대로 냉동실에 IN!

연근 껍질을 벗겨 강판에 간 다음 1큰술씩 랩으로 싸서 냉동용 지퍼 팩에 넣어 냉동한다. 해동할 때는 랩에 싼 채로 전자레인지(500W)에서 2분 가열하면 쫀득쫀득한 식감의 연근을 즐길 수 있다. 따뜻한 국물을 붓고 파드득나물을 넣어 먹는다. 또는 부침개나 햄버거에 넣을 때는 전자레인지에서 1분간 가열해 해동한 다음에 넣는다.

단호박

구입하면 바로 씨와 속을 제거!

잘라서 냉동하면 편리

이대로 냉동실에 IN!

용도에 맞게 써는 방법을 달리한다

호박은 씨와 속이 쉽게 상하므로 구입하면 즉시 제거하는 것이 기본이다. 보관 기간도 3~4일 정도로 짧으므로 바로 사용하지 않을 때는 냉동한다. 씨와 속을 숟가락 등으로 도려낸 후, 물기를 닦아내고 작게 깍둑썰기를 하거나 얇게 쐐기모양으로 썬다. 1회 분량씩 소분하여 랩으로 잘 싸서 냉동용 지퍼 팩에 담아 냉동한다.

맛이 우선이라면 으깬 후에 냉동

한 번의 수고로 더욱 맛있게

삶아서 으깬 단호박은 한 번에 사용할 양(사진은 80g 정도)을 랩에 펼쳐 평평하게 싸고 냉동용 지퍼 팩에 넣어 냉동한다. 해동할 때는 우유(단호박 80g에 100~150㎖)와 함께 끓이면 단호박 수프 완성. 전자레인지로 해동하려면 가열 시간을 짧게 하여 수분이 너무 날아가지 않도록 상태를 보면서 조금씩 해동한다.

이대로 냉동실에 IN!

해동

얼린 채로 가열 조리하면 식감과 맛, 색의 변화를 줄일 수 있다. 깍둑 모양의 호박은 작게, 쐐기 모양의 호박은 얇게 썰어 두면 비교적 빨리 익는다. 조리하기 전에 미리 해동하면, 해동 중에 변색이 생길뿐더러 맛과 식감이 나빠진다.

단호박을 해동했는데 '이상한 냄새가 난다'?

두 가지 원인을 생각할 수 있다

첫 번째 원인으로는 적절한 손질을 하지 않아 상하기 시작했을 수 있다. 특히, 씨와 속을 파내지 않고 냉동하면 쉽게 상하여 냄새가 나는 원인이 된다. 두 번째는 냉동실에서 나는 냄새가 원인일 수 있다. 밀봉하지 않고 냉동하면 냉동실 내의 냄새가 호박에 밸 뿐 아니라 냉동 화상의 원인이 되므로 주의한다.

고구마

생고구마를 썰어서 냉동하면 사용하기 정말 편하다!

생으로 냉동하기 때문에 모양이 망가지거나 색이 잘 변하지 않는다

고구마는 상온에서 보관하면 싹이 트거나 냉장 보관을 하면 검은 반점이 생기는 등 의외로 보관하기가 어렵다. 열화하기 전에 잘라서 냉동하기를 추천한다. 고구마는 수세미 등을 이용해 흙을 깨끗이 털어내고 물기를 제거한 다음 막대썰기, 은행잎썰기, 통썰기를 한다. 절단면이 많은 막대썰기와 은행잎썰기는 소량씩 랩으로 싸고 통썰기 한 것은 그대로 각각 냉동용 지퍼 팩에 넣고 평평하게 펼쳐 냉동실에 보관한다.

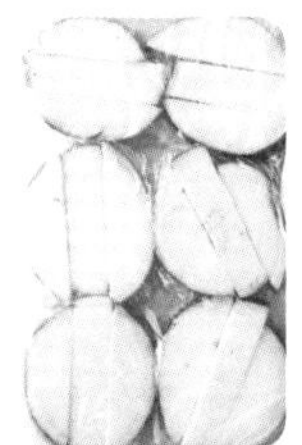
막대썰기

은행잎썰기

통썰기

해동

통썰기 → 언 채로 조림에

고구마는 언 채로 가열 조리하여 조림에 넣는다. 두께 1㎝의 고구마는 8분 정도 삶는다. 또는 옷을 입혀 튀기는 방법도 추천한다.

은행잎썰기 → 밥이나 된장국에

밥을 지을 때 냉동 고구마를 넣어 일반 모드로 밥을 짓는다. 쌀 2홉에 고구마 200g이 기준이다. 된장국의 경우에는 얼린 고구마를 냄비에 넣고 끓이면 5분 정도면 익는다.

막대 모양 → 고구마스틱 튀김과 맛탕을

얼린 상태로 튀겨 스틱 튀김이나 맛탕을 만든다. 요리할 때는 얼린 채로 튀기면 고구마의 포슬포슬한 맛을 유지할 수 있다.

Idea

군고구마를 얼리면 최고의 디저트로 변신!

식은 군고구마를 랩으로 싸서 냉동한다. 얼린 군고구마는 3분 정도 상온에서 자연 해동하면 칼로 자를 수 있다. 7분 정도 더 두면 스푼으로 떠서 디저트처럼 먹을 수 있다(해동 시간은 크기와 모양에 따라 달라진다).

감자

보관 4개월

생감자를 통째로 냉동하면 4개월이나 보관 가능!

감자는 저장 채소로 친숙한 작물이다. 다만 상온에서 보관하면 싹이 트고 냉장 보관하면 수분이 날아가 쭈글쭈글해지는 등 신선도를 유지하기가 의외로 쉽지 않다. 하지만 냉동하면 무려 4개월이나 저장할 수 있다. 깨끗하게 씻어 물기를 닦고 칼로 싹을 제거한 후 랩으로 잘 싸서 냉동용 지퍼 팩에 넣는다. 여기서 포인트는 냉동실 안에서도 온도 변화가 적은 '안쪽'에 보관하는 것이다.

1개월 이내에 다 사용할 수 있다면 냉장실에

적절한 온도를 유지한다

1개씩 키친타월로 싸서 비닐 팩에 넣어 밀봉한다. 냉장고 채소 칸에서 약 1개월간 보관할 수 있다. 키친타월은 완충재를 대신할 수도 있다. 다만 햇감자는 수분이 많아 쉽게 상하기 때문에 1주일 이내에 모두 사용하도록 한다.

해동

랩으로 감싼 채 내열 용기에 담아 중간 크기의 감자 1개(100~150g) 기준 전자레인지(600W)에서 2~3분 동안 가열하고 위아래를 바꾸어 2~3분 더 가열한다. 맛을 중시한다면 300W까지 낮춰 양면을 4~6분씩 천천히 가열한다. 한층 더 단맛을 즐길 수 있다.

토란

보관 1개월

랩으로 싸서 냉동한다 해동 후에는 껍질이 잘 벗겨진다

껍질을 벗기지 않고 통째로 냉동

토란은 섬유와 진흙을 제거하고 흐르는 물에 씻은 다음 물기를 충분히 제거한다. 1개씩 랩으로 싸서 냉동용 지퍼 팩에 넣어 냉동실에 보관한다. 알이 작을 때는 2~3개를 한 번에 랩으로 싼다. ◎

해동

랩으로 싼 채 전자레인지(500W)에서 1개당 약 90초간 가열한다. 위아래를 뒤집어 다시 약 90초 가열(기준)한다. 식기 전에 키친타월로 감싸 손으로 껍질을 벗긴다. 화상에 주의한다.

마 · 참마

보관 1개월

한끼 분량을 소분해 냉동하면 해동 후에 손을 더럽히지 않고 사용할 수 있다

팩 위에서 두드려 굵게 다진다

귀찮은 껍질 벗기기나 썰기는 다 마친 뒤에 냉동한다. 즙을 내리는 것보다 간편하게 굵게 다진다. 마는 껍질을 벗겨 적당한 크기로 자르고 한끼 분량씩 냉동용 지퍼 팩에 담는다. 밀대로 팩 위에서 원하는 정도까지 두드린다(팩이 찢어지지 않게 힘을 조절한다). 변색을 막기 위해 식초를 몇 방울 넣어 섞고 밀봉하여 냉동한다.

해동

팩째로 흐르는 물에서 해동한다. 양이 많을 때는 냉장실에서 해동하거나 전자레인지를 이용해 해동한다. 생으로 먹을 때는 해동 즉시 밥에 올리거나 낫토 등과 섞어서 먹는다.

표고버섯

표고버섯은 냉동하면 감칠맛이 더 좋아진다!

생표고버섯처럼 사용할 수 있다

표고버섯은 냉동을 하면 감칠맛이 더해진다. 식감도 변하지 않고 조리할 때도 간이 잘 밴다. 물로 씻으면 향과 맛이 떨어지므로 신경 쓰이는 이물질은 키친타월로 닦아낸다. 밑뿌리(기둥 아래 딱딱한 부분), 기둥, 갓을 나누어 썰고 밑뿌리는 제거한다. 표고버섯의 갓은 통째로 냉동용 지퍼 팩에 넣는다. 기둥은 한데 모아 랩으로 싸고 갓과 함께 냉동용 지퍼 팩에 넣어 냉동한다.

표고버섯의 갓은 얼린 채로 사용해도 OK. 상온에 1~2분간 놓아두면 칼이 잘 들어간다. 썬 냉동 표고버섯은 조림에 사용한다.

또는 얇게 썰어 볶음요리에 또는 큼직하게 다져 영양밥에 넣어도 좋다. 그러면 감칠맛이 나고 간도 잘 밴다.

표고버섯의 기둥은 버리지 않는다!

표고버섯의 기둥은 조금 단단한 편이라 버리기 쉬운데 사실 이 부분이 감칠맛이 풍부하다. 너무 소량이면 요리에 사용하기 어려우므로 표고버섯의 갓만 사용하고 기둥이 남으면 그때마다 냉동용 지퍼 팩에 넣어 사용하기 좋은 양(6~10개 정도)이 모일 때까지 보관하는 것이 좋다. 이때는 랩으로 싸지 않아도 괜찮다. 냉동하면 약 2개월 동안 보관할 수 있다.

꼭 가열 조리한다. 얼린 채로 썰어서 사용할 수 있다. 수프, 영양밥, 채소볶음, 채소튀김 등에 넣어도 좋다. 토스터로 기둥을 통째로 노릇노릇하게 구워 간장을 뿌려 먹어도 좋다. ◎

Recipe /

표고버섯 기둥 버터 볶음

표고버섯의 기둥 6개(약 30g)를 10분 정도 상온에서 자연 해동하여 내열 용기에 담고 스푼 등으로 눌러 으깬다. 중식 드레싱(폰즈 간장도 가능) 1작은술, 버터 5g을 넣고 랩으로 가볍게 싼 후 전자레인지(500W)에서 1분 30초 가열한다. 기둥을 짓이기면 빨리 익어 촉촉한 식감을 즐길 수 있다.

건표고는 한 번에 불려 냉동하는 것이 정답

말린 표고버섯은 안쪽에 이물질이나 먼지가 달라붙기 쉬우므로 물로 잘 씻는다. 지퍼 팩에 건표고를 넣고 잠길 정도의 물을 부어 냉장실에 약 5시간 동안 둔다. 찬물에서 천천히 우리면 감칠맛 성분이 나온다. 밤에 자기 전에 냉장실에 넣고 다음 날 아침에 확인하면 된다. 표고버섯이 통통하게 불고 우린 물의 색이 변하면 OK.

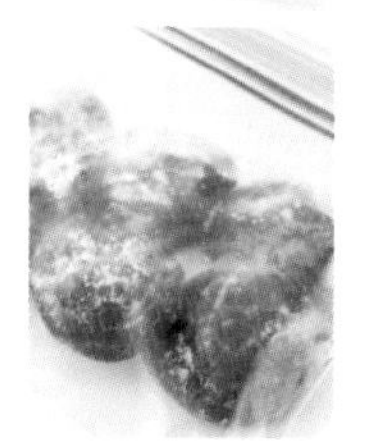

불린 표고버섯은 우린 물에서 꺼내어 겹치지 않게 냉동용 지퍼 팩에 담아 냉동한다.

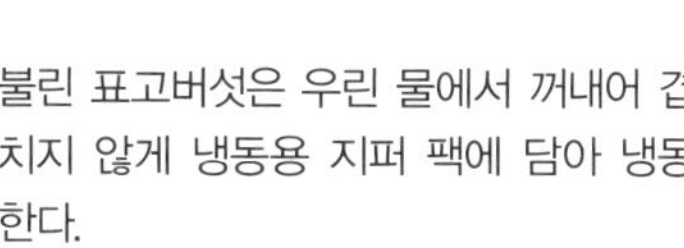

우린 물은 냉동용 지퍼 팩에 담고 냉동실 안에 평평하게 눕혀 냉동한다. 얼음 틀을 사용해도 좋다. 얼면 틀에서 꺼내어 냉동용 지퍼 팩에 옮겨 담아 보관한다. 둘 다 냉동실에서 약 1개월간 보관할 수 있다.

해동

표고버섯 조림

냉동 표고버섯을 상온에 1분간 두었다가 열십자로 칼집을 넣고 조린다. 냉동한 표고버섯을 사용하면 약 15분간 끓이기만 해도 간이 밴다.

영양밥

냉동 표고버섯을 얇게 썰어 우린 국물과 함께 밥을 짓기만 하면 된다. 닭고기와 당근도 넣어주고 우린 물은 냉동한 그대로 사용할 만큼만 손으로 떼어내 사용한다.

팽이버섯

지퍼 팩을 완전히 밀봉하여 열화를 방지한다

소분하여 냉동하는 것도 맛을 내는 요령

팽이버섯은 생으로 냉동하면 세포벽이 파괴되어 감칠맛 성분이 쉽게 우러난다. 씻거나 가열하지 않고 그대로 냉동해도 OK. 뿌리를 칼로 잘라내고 1송이를 2~3개(한 번에 사용할 양만큼)로 나눈다. 길이를 반으로 잘라 사용할 생각이라면 이 단계에서 잘라둔다. 소분한 팽이버섯을 각각 냉동용 지퍼 팩에 펼쳐서 넣고 팩 끝에서부터 둥글게 말면서 공기를 빼준다. 이렇게 하면 진공에 가까운 상태가 되어 열화를 막을 수 있다.

냉동 팽이버섯은 자연해동하면 수분이 빠져나와 맛이 나빠진다. 꼭 조리 직전에 꺼내어 언 채로 가열한다.

전자레인지로 가열해 나물 요리에 사용

내열 그릇에 팽이버섯을 언 채로 넣고 가볍게 랩을 씌워 100g 기준 전자레인지(600W)에서 2분간 가열한다. 그런 다음 참기름과 다진 마늘 등의 양념을 넣어 버무린다.

된장국이나 수프에 사용

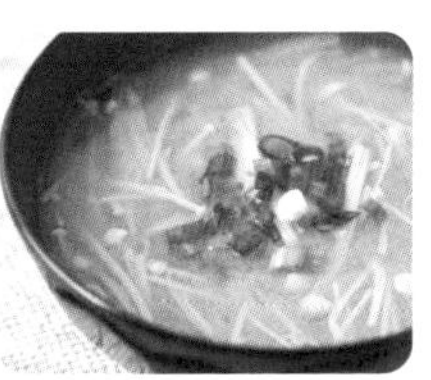

냄비에 육수나 국물을 넣고 가열하여 끓으면 얼린 팽이버섯을 넣고 한소끔 끓인다. 익으면 된장 등으로 간을 맞춘다.

볶아서 소테에 사용

팬에 버터를 녹이고 얼린 팽이버섯을 넣어 볶다가 간장을 넣으면 버터 볶음요리가 빠르게 완성!

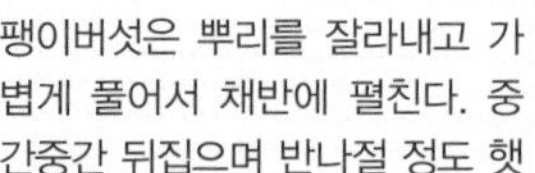

Idea

말려서 냉동하면 감칠맛은 응축되고 좀더 오래 보관할 수 있다

팽이버섯은 뿌리를 잘라내고 가볍게 풀어서 채반에 펼친다. 중간중간 뒤집으며 반나절 정도 햇볕에 말린다. 냉동용 지퍼 팩에 평평하게 담고 밀봉하여 냉동한다. 2~3개월간 보관할 수 있다. 사용할 때는 생으로 냉동했을 때와 마찬가지로 얼린 그대로 볶거나 삶아 조리한다. 해동할 때는 수분이 많이 나오지 않으므로 맛이 크게 떨어지지 않는다.

보관
3주간

만가닥버섯

소분하여 나누고 씻지 않고 냉동한다

만가닥버섯은 생으로 냉동하면 가열할 때 감칠맛 성분이 잘 우러나는 장점이 있다. 단, 물로 씻으면 향과 식감이 떨어지기 때문에 씻지 않고 냉동한다. 이물질 등이 신경 쓰인다면 젖은 키친타월로 가볍게 닦아내는 정도로 충분하다. 밑뿌리(기둥의 끝부분)를 칼로 잘라내고 소분하여 냉동용 지퍼 팩에 담은 다음 밀봉하여 냉동한다.

해동

냉동한 만가닥버섯을 자연 해동하면 수분이 빠져나와 식감이 상할 수 있다. 꼭 얼린 상태에서 조리한다.

전자레인지로 가열해 무침이나 나물에 사용

내열 그릇에 얼린 만가닥버섯을 넣고 육수와 양념을 첨가한 뒤 가볍게 랩으로 싼다. 만가닥버섯 1팩 분량(버섯 무게 90g) 기준 전자레인지(500W)에서 2분간 가열하여 완성한다.

볶아서 소테에 이용

팬에 올리브오일, 마늘, 홍고추를 넣고 볶다가 향이 오르면 베이컨, 얼린 만가닥버섯을 넣고 좀더 볶는다. 만가닥버섯이 숨이 죽으면 소금과 후추로 간을 맞춘다.

수프나 된장국에 사용

냄비에 육수나 수프를 넣고 가열하여 끓으면 얼린 만가닥버섯을 넣어 좀더 끓인다. 그러고 나서 익으면 된장 등으로 간을 한다.

보관
1개월

새송이버섯

큼직하게 썰어 냉동하여 신선함을 유지해요

새송이버섯은 세로로 반을 잘라 냉동하면 된다. 절단면이 적어 공기와 접촉하지 않기 때문에 신선함을 유지할 수 있다. 물로 씻으면 풍미를 잃게 되므로 씻지 않고 이물질이 신경 쓰일 때는 가볍게 닦아낸 후 잘라서 냉동용 지퍼 팩에 담는다.

해동

냉동한 새송이버섯은 전자레인지 해동이나 자연 해동할 필요가 없다. 언 채로 잘라 가열 조리하면 식감을 잃지 않고 맛있게 먹을 수 있다.

밑뿌리가 붙어 있을 때는?

새송이버섯의 기둥 밑에 얇은 선이 있는데 그로부터 아래는 밑뿌리다. 딱딱해서 먹지 못하는 부분이므로 잘라낸 후 보관한다.

어떻게 썰면 좋을까?

세로로 얇게 저미면 섬유질을 남길 수 있어서 새송이버섯 특유의 식감을 즐길 수 있는 소테에 가장 적합하다. 마구썰기는 절단면이 많아져 간이 잘 배기 때문에 조림에 안성맞춤이다. 섬유질을 잘게 써는 깍둑썰기는 재료의 감칠맛이 짙게 우러나므로 영양밥이나 수프에 잘 어울린다.

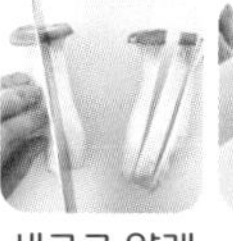
세로로 얇게 저미기

마구썰기

깍둑썰기

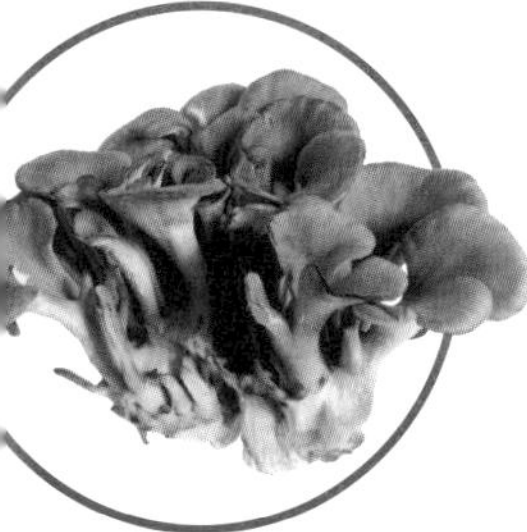

잎새버섯

신선할 때 냉동하는 것이 정답

냉동 잎새버섯의 열화를 막으려면

냉동 잎새버섯의 풍미를 해치지 않는 방법은 '신선할 때' '씻지 않고' 얼리는 것이다. 손으로 먹기 좋은 크기로 찢어 그대로 냉동용 지퍼 팩에 넣고 공기를 빼 밀봉한 후 냉동실에 넣는다. 튀김이나 전골 요리에 사용하려면 큼직하게, 국이나 영양밥에 넣으려면 조금 작게 찢는 것이 좋다.

해동 자연 해동하면 수분이 빠져나와 맛과 식감이 손상된다. 반드시 냉동 상태에서 가열 조리한다.

국이나 전골 요리에

냉동한 잎새버섯은 세포벽이 파괴되어 감칠맛 성분이 잘 우러나기 때문에 국이나 전골에 넣으면 그 풍미를 그대로 맛볼 수 있다. 냄비에 육수나 국물을 넣고 가열하다가 끓으면 얼린 잎새버섯을 넣고 익을 때까지 끓인다.

소테에 사용한다

팬에 올리브유, 마늘, 홍고추를 넣고 가열, 향이 피어오르면 얼린 잎새버섯을 넣고 볶는다. 버섯이 숨이 죽으면 소금, 후추로 간을 하면 완성이다.

얼린 채로 넣어 튀김을

냉동 잎새버섯에 얇게 튀김가루(또는 밀가루)를 묻힌 다음 튀김옷을 입혀 기름에서 바삭하게 튀긴다. 냉동실에서 꺼내어 바로 사용하면 기름이 잘 튀지 않는다.

Idea

덖어서 냉동하면 감칠맛이 응축되고 장기 보관이 가능

먹기 좋은 크기로 찢은 잎새버섯을 프라이팬에 펼쳐놓고 중간불에 올린다. 가끔 저어주며 천천히 덖어서 수분을 날린다. 양이 절반 정도로 줄면 쟁반에 담아 식힌다. 그대로 냉동용 지퍼 팩에 넣고 냉동한다. 1개월 정도 보관이 가능하다. 구수함이 더해져 국이나 조림, 영양밥에 넣으면 깊은 맛을 즐길 수 있다.

양송이버섯

밑뿌리만 잘라내고 통째로 냉동하여 장기 보관

이대로 냉동실에 IN!

생(生)양송이버섯은 수분에 약하기 때문에 팩에 넣어 냉장 보관하면 쉽게 상한다. 통째로 냉동하면 절단면이 없어 잘 마르지 않고 신선함을 유지할 수 있다. 밑뿌리나 기둥 끝 오염된 부분은 잘라내고 표면의 이물질은 키친타월로 닦아낸다. 레몬즙이 있으면 칼이 닿은 곳에 뿌리고 그대로 냉동용 지퍼 팩에 담는다.

해동

자연 해동하면, 수분이 빠져나와 식감이 상하기 쉽다. 꼭 얼린 채로 가열 조리한다. 요리로는 감바스를 추천한다.

잘라서 냉동하면 사용하기 쉽다

사용 빈도가 높은 썰기 방법은 다음의 3가지가 있다. 먼저 ① 4조각으로 자르기(수프나 마리네, 소테 등에), ② 얇게 저미기(피자나 파스타, 필라프 등에), ③ 이등분하기(스튜나 하이라이스, 카레 등의 조림에)가 있다. 레몬즙을 뿌린 다음 각기 다르게 자른 버섯을 랩으로 소분하여 싸고 냉동용 지퍼 팩에 넣어 냉동한다(한 가지 방법으로 잘랐다면 랩으로 쌀 필요는 없다).

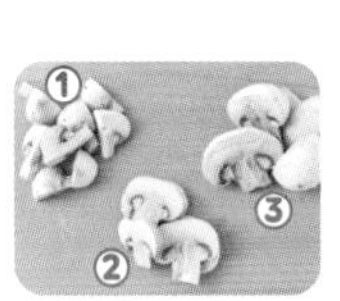

레몬즙으로 변색을 막는다

썰어서 보관할 때는 산화로 인한 색의 변화를 막기 위해 칼이 닿은 곳에 레몬즙을 뿌린다. 통으로 사용할 경우는 기둥의 절단면에 뿌리면 좋지만 꼭 할 필요는 없다.

해동

얼린 채로 가열 조리에 사용한다. 팩(또는 랩) 위에서 가볍게 주무르면 양송이가 하나씩 분리되어 사용할 양만 꺼낼 수 있다.

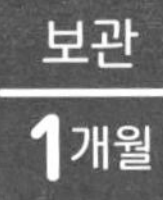

보관
1개월

맛버섯

냉동하면 점성과 맛을 유지할 수 있다

이대로 냉동실에 IN!

맛버섯은 실온에서 보관 가능한 기간이 2~3일로 길지 않지만 냉동하면 장기 보관할 수 있다. 개봉하지 않았다면 봉투째로, 개봉했다면 봉투에서 꺼내 냉동용 지퍼 팩에 넣는다. 얇게 펴두면 사용할 때 소량씩 떼어내기 편하다. 그리고 금속제 쟁반에 얹으면 냉동 속도가 빨라 풍미가 떨어지는 것을 막을 수 있다.

해동

냉동한 맛버섯은 얼린 채로 가열 조리한다. 된장국을 만들 때는 그대로 끓는 육수에 넣어 조리하면 OK. 맛버섯 특유의 점성도 살아난다.

포기째로 맛버섯을 냉동하면?

밑뿌리를 잘라내고 냉동한다

맛버섯처럼 밑동이 달린 상태의 버섯은 밑뿌리를 제거하고 냉동한다. 갓 부분에 톱밥이 붙어 있을 때는 손으로 제거한다. 냉동용 지퍼 팩에 넣고 얇게 펴서 금속제 쟁반에 얹어 냉동실에 넣는다.

Recipe / 맛버섯과 무즙을 얹은 두부요리

냉동 맛버섯 1봉지(약 100g)를 끓는 물에 넣어 한소끔 끓으면 채반에 올린다. 그러고 나서 식으면 무즙 100g과 섞어 두부 1/2모에 얹고 폰즈 1큰술과 채 썬 시소(1장)를 곁들인다. 맛버섯과 무즙의 궁합이 뛰어나 술안주로도 안성맞춤이다.

콩나물

자칫하면 상하기 쉽다 가능하면 냉동을!

가격이 싸고 부담 없어 인기 있는 채소지만 쉽게 물러지고 못 쓰게 되는 경우가 다반사다. 실온에서 생으로는 기껏 2~3일이지만 냉동하면 2주까지 보관기간을 연장할 수 있다. 냉동할 때는 씻어서 채반에 얹어 물기를 확실히 빼준다. 콩나물 1봉지(약 200g)는 중간 크기의 지퍼 팩에 알맞게 들어가므로 전량을 담고 밀봉하여 냉동실에 넣는다.

구입한 봉지 그대로 냉동해도 OK?

씻으면 더 맛있게 먹을 수 있다

콩나물 봉투에는 '씻지 않고 그대로 사용할 수 있습니다'라고 적힌 상품도 있다. 그대로도 냉동은 할 수 있지만 흐르는 물에 한 번 씻는 것이 맛을 유지하는 요령! 한번 씻으면 특유의 비린내도 줄일 수 있다. 물기가 남아 있으면 서리의 원인이 되므로 완전히 제거한다.

해동

생으로 사용하지 않고 반드시 가열 조리한다. 조리할 때는 얼린 그대로 사용해도 괜찮다. 봉지 위에서 가볍게 주무르면 콩나물이 하나하나 떨어져 사용할 만큼만 꺼낼 수 있다. 그리고 냉동하면 맛이 잘 우러나므로 볶음이나 국물요리에 넣기를 추천한다.

강낭콩

보관
생3주간
데침 1개월

꼭지랑 심만 제거하고 생으로 냉동한다

강낭콩은 생으로 냉동하는 것이 가장 쉽다. 물에 씻어 물기를 닦고 꼭지와 필요에 따라서는 심을 제거하고 냉동용 지퍼 팩에 넣어 냉동 보관한다.

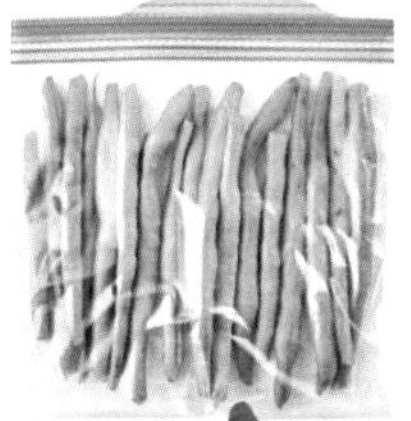

해동

얼린 그대로 가열 조리하는 방법을 추천한다. 언 채로 썰어서 수분을 날리며 볶거나 조림이나 된장국에 넣는다. 자연 해동 후에 가열 조리하면 단맛이 그다지 느껴지지 않고 식감도 나빠지기 쉽다.

강낭콩의 심은 해동 후에는 제거하기 어려우므로 냉동 전에 손질한다. 꼭지 끝을 잡고 심이 있는 쪽으로 꺾어 천천히 아래쪽으로 당겨 제거한다. 반대쪽도 마찬가지 방법으로 제거한다. 마트에서 파는 강낭콩은 대부분 심이 가는 단계에서 수확하므로 크게 신경이 쓰이지 않는다면 제거할 필요가 없다.

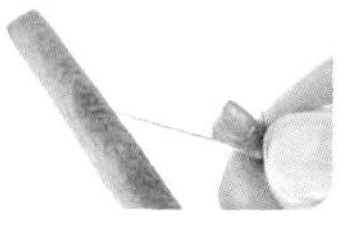

데쳐서 냉동하면 단맛이 남는다

보관 기간도 길어진다

프라이팬에 물 3큰술을 넣고 끓이다가 강낭콩과 소금 1/4작은술을 넣고 뚜껑을 덮어 90초간 찐다. 해동하면 부드러워지므로 조금 단단하게 데치는 것이 좋다. 얼음물에 넣어 완전히 식힌 후 물기를 제거하고 꼭지와 심을 제거한다(설명 참조). 그리고 냉동용 지퍼 팩에 넣어 냉동실에 보관한다.

해동

강낭콩을 언 채로 썰어 맛간장을 소량 뿌린 다음 냉장실에서 50g 기준 2시간 정도를 해동한다. 특히 나물로 먹는 방법을 추천한다. 또는 언 채로 볶거나 조림요리로 사용할 수 있으며, 국에 넣을 수도 있다.

보관
생·데침
1개월

풋콩

맛을 유지하려면 생으로 냉동하는 것이 좋다

풋콩은 생으로 냉동하는 방법이 ◎. 우선 300g에 1큰술 정도의 소금을 넣고 가볍게 주물러 5분간 놓아둔다. 이렇게 하면 콩에서 떫은 맛과 이물질이 나온다. 이 작은 수고로 아린 맛이 약해져 좀더 맛이 좋아진다. 5분이 지나면 콩을 채반으로 옮겨 가볍게 물로 씻는다. 물기를 닦고 지퍼 팩에 넣어 냉동실에 보관한다.

이대로 냉동실에 IN!

가지가 달린 경우는 주방용 가위 등으로 꼬투리를 분리한다. 이때 꼬투리를 너무 많이 자르지 않도록 한다. 가지에 붙어 있는 부분을 잘라낸다.

데쳐서 냉동하면 가열해 바로 식탁에

먹을 만큼만 해동할 수 있다

소금으로 세척하고 물로 씻어낸 후 물기를 닦는 과정은 생으로 냉동할 때와 마찬가지이다. 그러고 나서 콩 300g에 물 1ℓ를 끓여 소금 1+1/2큰술과 완두콩을 넣고 약 3분 30초 정도 삶는다. 채반에 올려 부채질하여 빠르게 식힌다. 흐르는 물에 식히면 풍미가 달아나므로 NG. 식으면 냉동용 지퍼 팩에 담아 냉동실에 보관한다.

해동

생으로 냉동

얼린 채로 꼬투리 양 끝을 약 2~3㎜ 잘라낸다. 이 틈을 통해 속의 콩에 간이 밴다. 냉동 풋콩 300g에 물 1ℓ를 끓인 뒤 소금 1큰술 반을 넣고 얼린 풋콩을 약 5분간 삶는다.

데쳐서 냉동

내열 용기에 담아 랩을 씌운다. 풋콩 300g의 경우 전자레인지(600W)에서 약 4분간, 100g은 약 1분 30초간 가열한다.

보관
생3주간
데침
1개월

완두콩

삶아서 냉동하면 자연 해동해서 먹을 수 있다

이대로 냉동실에 IN!

바로 사용하지 않는 완두콩은 데쳐서 냉동하기를 추천한다. 양쪽 심을 제거하고 냄비에 물을 넉넉히 끓인다. 물 양의 약 1% 정도 소금을 넣고 완두콩을 40초 정도 삶는다. 그런 다음 채반에 담아 열을 식히고 한 번에 사용할 양만큼 소분하여 랩으로 싸서 냉동용 지퍼 팩에 담아 냉동실에 보관한다.

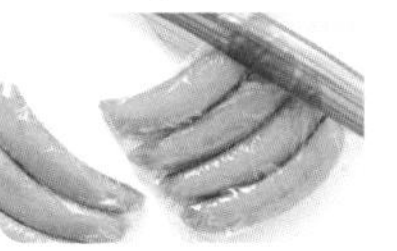

해동

5분 정도 상온에서 자연해동하고 그대로 먹는다. 아삭아삭한 식감이 살아 있어 생콩을 삶았을 때와 손색이 없는 맛이다.

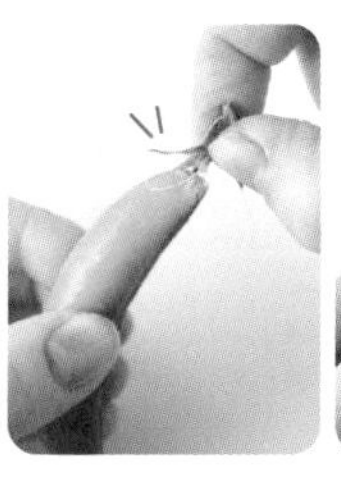

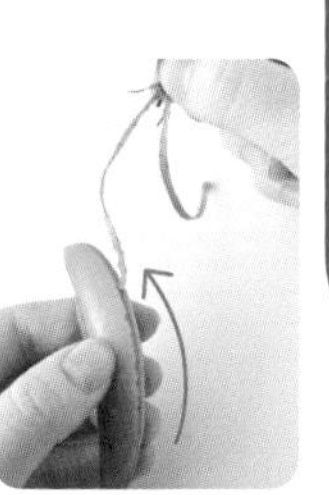

심 제거 방법 복습!

끝(꼭지 반대쪽)을 살짝 꺾은 후, 심이 튀어나온 쪽으로 당긴다. 그리고 꼭지를 톡 꺾어 그대로 반대쪽으로 심을 쭉 당긴다(사진). 냉동 후에는 심을 제거하기가 어려우므로 미리 손질한다.

시간이 없다면 생으로 냉동한다

먹을 때는 소테가 ◎

데칠 시간이 없을 때는 식감은 떨어지지만 생으로 냉동해도 가능하다. 심을 제거하고 나서 냉동용 지퍼 팩에 평평하게 펴 담고 냉동실에 보관한다. 사용할 때는 언 상태에서 기름으로 볶는 조리 방법이 가장 좋다. 삶거나 전자레인지로 가열 조리하면 맛은 변하지 않지만, 식감은 조금 떨어진다.

이대로 냉동실에 IN!

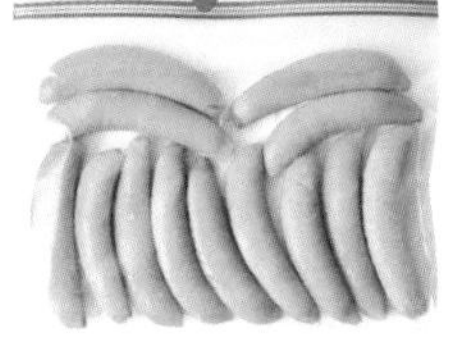

콩나물
강낭콩
풋콩
완두콩

보관 2주간

생강

남은 생강은 썰어서
얼려두는 게 정답이다!

용도별로 써는 방법을 선택

생강은 먹기 좋게 썰어 냉동 보관해 두면 바로 조리할 수 있어 편리하다. 조리에 다 쓰지 못하고 남은 생강을 보관하는 데도 추천한다. 얇게 저미기, 채썰기, 다지기 등 용도별로 썰어 키친타월로 물기를 충분히 제거한다. 썬 생강은 소분해서 랩으로 싸고 냉동용 지퍼 팩에 담아 냉동실에 보관한다.

해동

생강은 얼린 채로 버무리거나 다른 식재료와 볶는 등 다양한 요리에 활용할 수 있다.

물에 담가 냉장 보관하면 훨씬 오래 보관할 수 있다

생강은 잘 씻어서 겉에 묻은 이물을 제거해 점액이 생기는 원인을 없앤다. 껍질은 벗기지 않아도 되지만 거무스름하거나 상처 난 부분이 있으면 잘라낸다. 생강이 큰 경우는 잘라도 된다. 이 경우에는 자른 후에 다시 전체를 물로 씻는다. 그런 다음 생강이 들어갈 만한 크기의 보관 용기나 병에 담고 전체가 잠길 정도의 물을 부은 다음 뚜껑을 단단히 닫아 냉장실 채소 칸에 보관한다.

POINT 생강을 사용할 때 또는 1주일 간격으로 보관 용기를 씻고 물을 갈아준다. 이렇게 하면 1개월 정도 보관이 가능하다. 사용할 때는 생강의 절단면을 얇게 잘라낸다.

햇생강도 남으면 냉동한다

햇생강은 씻어서 물기를 잘 닦고 거무스름한 부분이나 딱딱한 부분을 얇게 잘라낸다. 핑크색 부분은 끝의 딱딱한 부분만 자르면 OK. 그런 다음 섬유 결을 따라 2㎜ 두께로 썬다. M 사이즈의 냉동용 지퍼 팩에 넣고 최대한 공기를 빼고 밀봉하여 냉동 보관한다. 그러면 1개월 정도 보관이 가능하다.

POINT 큰 팩에 모두 넣지 말고 한 번에 다 사용할 수 있는 크기의 팩에 넣어 냉동하면 냉동실에서 꺼냈다가 다시 넣기를 반복할 때 발생하는 온도 변화의 영향을 줄일 수 있다.

해동

얼린 팩 채로 가볍게 주물러 풀어주고 사용할 양만 꺼내어 볶음 등에 사용한다. 햇생강과 닭고기, 대파를 넣어 만든 매콤달콤한 볶음요리를 추천한다.

Recipe /

생강초절임도 냉동 햇생강으로 만들면 눈 깜작할 사이에 완성

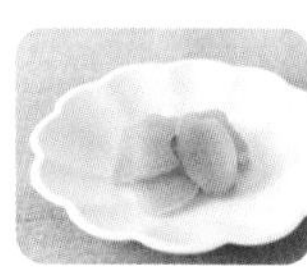

내열 그릇에 냉동 햇생강(슬라이스) 100g, 설탕 1+1/2큰술 정도(15g), 초밥 식초 100㎖를 넣고 가볍게 랩을 씌워 전자레인지(600W)에서 3분 정도 가열한다. 열이 식은 후에 지퍼 팩에 넣는다. 냉장실에서 1개월 정도 보관할 수 있다. 초밥 식초는 100㎖, 설탕 5큰술(45g), 소금 조금으로 대체할 수 있다.

마늘

한쪽씩 떼어내 랩으로 싼다

마늘을 상온이나 냉장실에서 오래 보관하면 싹이 트거나 말라버린다. 이를 예방하려면 껍질째 냉동하는 방법을 추천한다. 한쪽씩 떼어내 2~3개씩 랩으로 싸서 냉동용 지퍼 팩에 넣고 냉동실에 보관한다.

해동

얼린 채로 꼭지 부분을 잘라낸다. 마늘은 속까지 꽁꽁 얼지 않으므로 쉽게 자를 수 있다. 물에 1분 정도 담가두면 잘라낸 부분부터 껍질이 벗겨진다.

1~2개월 이내에 사용할 수 있는 양이면 냉장실에

온도가 낮은 저온 냉장실에

마늘은 냉장실에서도 1~2개월 정도 보관이 가능하다. 단, 온도가 낮은 저온 냉장실에 넣어야 한다. 통마늘째로 키친타월에 싸서 지퍼 팩에 넣어 보관한다.

손질해서 냉동하면 바로 사용할 수 있다

2주 정도 보관할 수 있다

다지기나 저미거나 가는 등 용도에 맞게 손질한다. 1큰술 정도로 소분하여 랩으로 싸서 냉동용 지퍼 팩에 담아 밀봉하고 냉동실에 보관한다. 특히 냄새가 강하므로 단단히 밀봉하여 보관해야 한다. 향이 조금 날아간다는 단점은 있지만 사용하고 남았을 때나 용도를 결정하지 않았을 때 편리하다. 사용할 때는 얼린 채로 가열 조리한다.

이대로
냉동실에 IN!

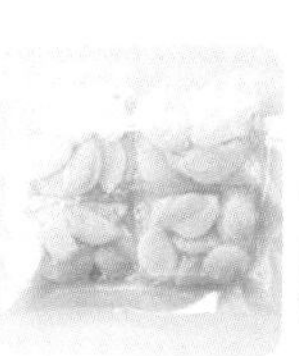

시소

시들기 전에! 사용하기 편리한 채썰기를 하여 냉동한다

시소를 장기 보관하고 싶으면 씻어서 물기를 닦아 낸 후 채를 썰어 냉동하는 것이 편리하다. 냉동용 지퍼 팩에 넣고 뚜껑을 덮어 냉동실에 보관한다. 여기서 꼭 알아야할 사항은 잎이 눌리지 않게 용기에 담는 것이 중요하다.

해동

시소는 냉동실에서 꺼내면 바로 해동이 진행되기 때문에 사용할 만큼만 재빨리 꺼낸다. 그리고 생 시소에 비해 조금 색이 진해지긴 하지만 그대로 사용할 수 있다. 변색이 신경 쓰일 때는 다져서 햄버거나 고기완자 재료에 섞어서 사용하기를 추천한다. 시소의 풍미가 식욕을 돋운다.

2주 안에 다 사용할 수 있다면 냉장실에

1 물속에서 자른다

가위로 시소 줄기의 끝을 1~2㎜ 정도 자른다. 절단면을 통해 가능한 한 공기가 침투하지 않도록 물속에서 자르는 것이 좋다.

2 3~4일에 한 번 물을 갈아준다

세로로 긴 용기에 1~2㎝ 정도 물을 채우고 자른다. 물의 양은 줄기의 길이에 맞춰 조절하고 시소의 줄기만 물에 잠기도록 주의한다. 용기는 뚜껑을 닫아 밀폐한다. 뚜껑이 없으면 랩을 씌우고 고무줄로 고정해도 된다. 채소 칸에서 약 2주간 보관할 수 있다.

양하

보관
2개월
썰기
2주간

장기 보관하려면 랩으로 싸서 냉동한다

양하는 신선도가 쉽게 떨어져 그대로 냉장실에 넣으면 2~3일 만에 상하기 때문에 냉동 보관도 하나의 방법이다. 잘 씻어서 물기를 닦고 기둥에 상처 입은 부분은 잘라낸다. 그런 다음 1개씩 랩으로 싸고 한 번에 냉동용 지퍼 팩에 넣는다. 이것을 금속제 쟁반에 얹어 냉동한다.

해동

얼린 채로 먹기 좋게 썰어 조리한다. 양하는 속이 비어 있어서 언 상태에서도 잘 썰린다. 너무 딱딱하게 얼어 썰기 어려울 때는 상온에 4~5분간 놓아두면 된다. 조금 싱거워지기 때문에 양념보다는 된장 구이 등의 가열 조리에 적합하다. 냉동하면 맛이 잘 배어들므로 피클을 만드는 것도 ◎.

잘라서 냉동하면 바로 양념으로

송송 썰거나 채썰기를

양하는 씻어서 물기를 닦고 송송 썰거나 채를 썬다. 소분하여 랩으로 싸고 냉동용 보관 지퍼 팩에 넣어 금속제 쟁반 위에서 냉동한다. 언 채로 소면 등에 고명으로 얹거나 그대로 된장국 건더기로 넣거나 한다. 또한, 풍미와 식감은 조금 떨어지지만 필요한 만큼 바로 사용할 수 있어 편리하다.

마늘 시소 양하

파드득나물(반디나물)

생으로 냉동해 소량 사용하는 편이 편리

소량을 사용하고 남은 파드득나물은 썰어서 냉동하기를 추천한다. 물로 씻어 물기를 닦고 사용하기 쉬운 크기로 큼직큼직하게 썬다. 냉동용 지퍼 팩에 넣고 밀봉하여 냉동실에서 보관한다.

해동

얼린 그대로 국이나 튀김, 달걀말이 등에 사용하면 좋다. 팩 위에서 가볍게 주무르면 조각조각 떨어져 사용할 양만큼 꺼내기가 쉽다. 반드시 가열 요리에 사용한다.

'데쳐서 냉동'하면 색감도 선명하다

데쳐서 썬다

파드득나물은 물로 가볍게 씻고 밑동을 잘라낸다. 냄비에 800㎖의 물을 끓여 소금 1작은술을 넣는다. 여기에 파드득나물을 넣고 살짝 데친 후 바로 얼음물에 넣어 색 빠짐을 방지한다. 물기를 꼭 짜고 3~4cm 길이로 자른다.

랩으로 소분한다

한 번에 사용할 양을 소분하여 랩으로 싸고 냉동용 지퍼 팩에 넣는다. 밀봉한 다음 냉동한다. 4주 정도 보관할 수 있다. 사용할 때는 얼린 채로 국이나 죽에 넣고 가열 조리한다. 얼린 채로 전자레인지(500W)에서 40초간 가열(※1/2다발=약 25g당)해 나물이나 무침을 만들어도 OK.

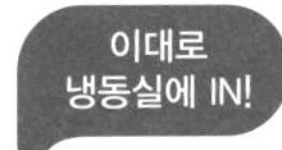

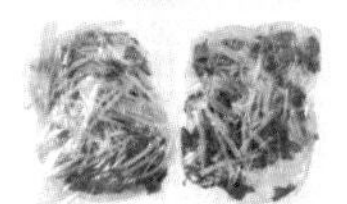

유자

다 사용하지 못하면 껍질과 과즙을 나누어 냉동

유자는 껍질을 채 썰거나 수제 폰즈 등에 소량을 사용하는 경우가 많다. 따라서 남았을 때는 껍질과 과즙을 분리해 냉동하면 사용하기에 매우 편리하다.

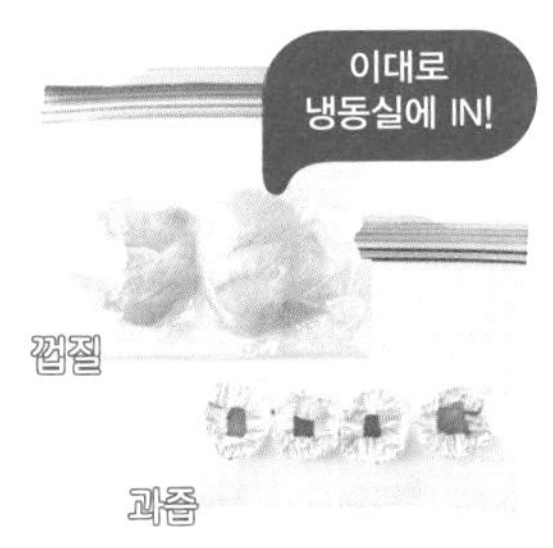

해동

유자 껍질은 얼린 상태에서 채를 썰어 요리에 향을 더하거나 고명으로 사용한다. 우동에 얹거나 닭고기 경단에 섞거나 아이스크림에 곁들이는 것도 ◎. 과즙은 상온에서 10분 정도 자연 해동한다. 간장이나 다시마 · 가다랑어 육수에 넣어 폰즈를 만들거나 뜨거운 물과 꿀을 섞어 '유자 꿀차'를 만들어도 좋다.

통째로 냉동하면 3개월간 장기 보관할 수 있다

많이 보관할 경우에는

하나씩 랩으로 싸서 냉동용 지퍼 팩에 담아 냉동실에 보관한다. 약 3개월간 보관할 수 있다. 얼린 유자의 껍질을 강판에 갈아 감자튀김이나 닭튀김에 뿌리면 더욱 맛있게 즐길 수 있다. 15분 정도 상온에 두면 껍질을 깎을 수 있고 45분간 더 두면 과즙을 짤 수 있다. 해동 후 다시 얼리는 것은 NG!

유자 껍질을 약 2㎝ 두께로 벗긴다. 껍질이 겹치지 않게 가지런히 랩으로 싸고 냉동용 지퍼 팩에 넣어 냉동실에 보관한다.

껍질 벗기고 남은 유자로 과즙을 짠다. 금속제 쟁반에 알루미늄 컵을 놓고 과즙을 부어 냉동실에서 얼린다. 얼음 틀을 이용해도 OK. 과즙이 얼면 냉동용 지퍼 팩에 담아 냉동실에 보관한다.

보관
생3주간
오일 절임 1개월

바질

랩으로 싸서 냉동하면 장기 보관 가능

바질을 가볍게 씻어 키친타월로 물기를 완전히 제거한다. 바질의 잎을 줄기에서 떼어낸 후 펼친 상태로 여러 장을 한 번에 랩으로 싼다. 이때 바질 잎끼리 겹치지 않도록 주의한다. 그런 다음 다른 식재료에 닿아 부서지지 않도록 냉동용 용기에 담아 냉동실에 보관한다.

얼린 그대로 요리에 사용한다. 완전히 해동하면 향이 사라질 뿐 아니라 식감과 모양도 나빠진다.

다져서 오일에 절여 냉동한다

장기 보관이 가능하고 향도 보존할 수 있다

올리브오일에 절여 냉동하면, 향이 오래가며 1개월 정도 장기 보관도 가능하다. 바질 잎을 다져서 냉동용 지퍼 팩에 담고 바질이 잠길 정도로 올리브오일을 넣는다. 얇게 펴서 평평하게 눕힌 상태로 냉동 보관한다.

사용할 양만큼 꺾어서 꺼낸 뒤 냉장실에서 30분 정도 해동한다. 카프레제 샐러드나 파스타 요리 등 소스로 폭넓게 사용할 수 있다.

1주일 내로 사용한다면 냉장 보관도 OK

마르지 않게 주의한다

젖은 키친타월을 보관 용기에 깔고 바질을 넣는다. 잎이 상할 수 있으므로 넉넉한 크기의 용기에 담아 눌리지 않게 한다. 또 바질 잎은 씻으면 열화할 수 있으므로 씻지 않고 보관하는 것이 좋다. 바질 위에 젖은 키친타월을 씌운 다음 용기 뚜껑을 닫는다. 이렇게 하면 1주일 정도 보관할 수 있다.

고수

보관
2주간

신선한 고수를 냉동하면 향과 색 모두 오래 유지

고수는 흐르는 물에 씻은 다음 그릇에 물을 붓고 뿌리가 잠기도록 해 5분간 놓아둔다. 물기를 닦고 뿌리를 자른다. 잎과 줄기는 큼직하게 썰어 L사이즈 냉동용 지퍼 팩에 담고 밀봉하여 냉동한다. 사용할 때는 팩 밖에서 주물러 풀어 준 다음 필요한 양만큼 꺼낸다. 그리고 뿌리는 1개씩 랩으로 싸서 M사이즈의 냉동용 지퍼 팩에 담는다. 뿌리는 향이 강하여 수프의 육수나 조림 등에 사용할 수 있으므로 버리지 않고 활용한다!

건조 보관하면 1개월 장기 보관

1 전자레인지에서 건조시킨다

고수를 씻어 물기를 완전히 제거한다. 잎만 따서 내열 용기에 펼쳐 담고 랩을 씌우지 않은 채 전자레인지(200~250W 혹은 해동 모드)에서 2분간 가열한다. 한 번 꺼내서 뒤섞어 준 뒤 다시 2분 정도 더 가열한다. 이것을 5~6회 반복한다.

2 병에 넣어 밀봉 보관한다

잎의 양이 1/6~1/8 정도로 줄고 손으로 쥐었을 때 파삭파삭하게 부서질 정도로 건조되면 식혀서 병 등의 밀봉할 수 있는 저장 용기에 넣어 보관한다. 상온에서 약 1개월 보관할 수 있다. 습기가 많은 시기는 냉장실에 보관하기를 추천한다. 그대로 요리에 살짝 뿌리면 OK.

보관
통 2개월
썰기 1개월

영귤

썰어서 냉동하면 바로 짜서 사용할 수 있다

씻은 영귤을 가로로 반을 잘라 냉동하면 언제든지 생선구이 등에 즙을 사용할 수 있어 편리하다. 랩으로 쌀 때는 자른 면을 밑으로 가게 해서 랩과 바짝 밀착시켜 싼다. 이것을 냉동용 지퍼 팩에 담고 냉동한다.

이대로 냉동실에 IN!

해동

사용할 만큼만 꺼내어 상온에서 5분간 해동한다. 그대로 즙을 내어 요리의 풍미를 더하는데 사용한다.

많은 양이나 장기 보관을 위해서는 통째로 냉동

손질할 필요가 없어 편하다

영귤을 씻어 키친타월로 물기를 완전히 닦은 다음 냉동용 지퍼 팩에 넣어 냉동한다. 많은 양을 씻을 때는 그릇을 사용하면 편리하다.

이대로 냉동실에 IN!

해동

언 상태로 껍질을 갈아 요리에 풍미를 더 한다. 썰어서 사용할 때는 상온에 10분 정도 놓아둔다. 통으로 썰어 우동이나 소바에 곁들이기를 추천한다.

1주일 내에 다 사용한다면 냉장 보관도 OK

키친타월에 싸서 보관

바로 모두 사용할 경우에는 냉장 보관해도 OK. 여러 개를 한 번에 키친타월로 싸서 비닐 팩에 넣으면 냉장실 채소 칸에서 1주일 정도 보관할 수 있다. 향을 잃어버리므로 상온 보관은 NG.

가보스

보관
통 2개월
썰기 1개월

용도에 맞춰 냉동 방법을 선택한다

이대로 냉동실에 IN!

가보스는 상온에 방치하면 쉽게 색이 변하고 풍미도 잃어버린다. 바로 사용하지 않으면 냉동 보관을 추천한다. 생선구이나 튀김, 전골 등에 즙을 사용하려면 잘라서 냉동하고 언 채로 껍질을 갈거나 해동해 껍질째 요리에 사용하려면 통으로 냉동한다. 각각의 냉동 순서는 앞의 '영귤'을 참고하자.

해동

잘라서 보관한 냉동 가보스는 사용할 양만 꺼내어 랩으로 싼 그대로 반을 자른다. 2조각 기준 전자레인지(500W)에서 40초 가열(※1조각은 30초 가열)해 해동한다. 상온에서 40분 정도 두어 자연 해동해도 된다. 그대로 짜서 생선구이나 전골요리에 넣거나 원하는 크기로 잘라 튀김이나 닭튀김에 곁들여도 좋다.

통으로 냉동한 가보스는 언 채로 껍질을 갈아 요리에 풍미를 더해준다. 껍질을 간 가보스는 랩을 씌우지 않고 개당 전자레인지(500W)에서 1분 30초간 가열해 해동한다. 상온에서 70분 정도 자연 해동해도 좋다. 반으로 자른 뒤 과즙을 짜서 요리에 사용한다.

셀러리

잎과 줄기를 나누어 냉동하면 사용하기 편리하다

냉동하면 셀러리 특유의 향이 약해지므로 평소 향을 싫어하는 사람에게도 추천한다. 줄기와 잎을 잘라낸다. 줄기는 어슷썰기하고 잎은 굵게 다진다. 줄기는 랩으로 싼 후 소분하여 냉동용 지퍼 팩에 담는다. 잎은 그대로 냉동용 지퍼 팩에 평평하게 넣는다. 둘 다 가능한 한 공기를 빼고 밀봉한다. 줄기를 랩으로 싸면 절단면이 공기와 접촉하는 것을 방지하여 맛을 오래 유지할 수 있다.

해동

줄기는 얼린 그대로 수프나 카레, 미트 소스에 넣기를 추천한다. 가열하면 단맛이 두드러져 요리에 감칠맛이 난다. 잎도 언 채로 쓸 수 있다. 잎에 풍부하게 함유된 베타카로틴은 기름과 함께 섭취하면 흡수율이 향상된다. 참기름으로 볶고 간장, 미림, 들깨를 첨가해 밥에 비벼 먹거나 기름에 볶아 간장, 설탕을 넣고 '조림'을 만든다.

냉장도 잎과 줄기를 나누어 보관

1 잎과 줄기를 나눈다

셀러리의 굵은 줄기와 가는 줄기를 나누어 자른 다음 가는 줄기에서 잎을 떼어낸다. 잎과 줄기를 물에 적신 키친타월로 감싸고 지퍼 팩에 넣는다.

2 세워서 채소 칸에

지퍼 팩에 담은 잎과 줄기는 플라스틱 용기나 윗부분을 자른 우유 팩 등에 세워서 담은 다음 채소 칸에서 보관한다. 잎은 약 4일, 줄기는 약 6일간 보관할 수 있다.

파슬리

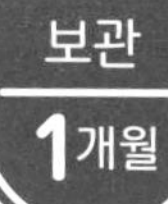

냉장보다 냉동! 잎과 줄기를 나누어 보관

파슬리는 '냉동'하면 오래 보관할 수 있을 뿐 아니라 소량으로 사용할 수 있으므로 적극 추천한다. 우선 파슬리 잎을 흐르는 물에 씻고 그릇에 물을 받아 잎에 묻은 잡티와 이물질을 물속에서 흔들어 털어낸다. 그리고 물기를 제거하고 나면 줄기와 잎을 나누고 줄기는 5㎝ 길이로 썬다. 줄기는 랩으로 싸고 잎은 송이 그대로 냉동용 지퍼 팩에 담아 냉동한다.

해동

냉동한 파슬리 송이는 얼린 그대로 볶음요리나 수프 등 가열 조리에 넣는다.
줄기는 카레나 포토푀 수프 등 육류나 생선조림에 넣으면 고기와 생선 특유의 잡내를 잡아주므로 육수용 주머니에 넣어 요리에 넣었다가 완성 전에 꺼낸다.

Idea

칼이 필요 없고 소량으로 쓸 수 있는 다지기를 한다

파슬리 잎을 작은 송이 그대로 냉동용 지퍼 팩에 넣고, 공기를 조금 넣어 냉동한다. 얼린 상태에서 손으로 주무르면 잎이 하나하나 떨어진다. 사용할 때 파슬리를 직접 손으로 만지면 해동되므로 사용할 만큼 스푼으로 꺼내고 나머지는 바로 냉동실에 넣는다.

보관
1 개월

바나나

으깨거나 썰어서 냉동하면 사용하기 간편하다

이대로 냉동실에 IN!

장기 보관하려면 냉동 보관이 최고!

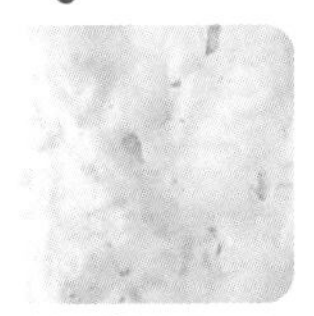

바나나는 그대로 얼리면 딱딱해서 다루기 어렵지만 으깨거나 다지면 그대로 먹을 수도 있고 사용하기도 훨씬 편하다. 부드러운 식감이 좋으면 으깨고 씹는 느낌을 원하면 5㎜ 크기로 깍둑썰기를 한다. 으깰 때는 냉동용 지퍼 팩에 넣어 손으로 으깨거나 포크의 등으로 누르면 간단하다. 으깬 것은 얇고 평평하게 펴고 다진 것은 소분하여 랩으로 싼다. 냉동용 지퍼 팩에 넣어 냉동한다.

해동 얼린 바나나를 요구르트나 스무디에 넣거나 아이스크림과 함께 먹으면 좋다. 몇 분간 상온에서 해동하여 달걀말이에 넣어도 ◎. 으깬 것은 우유에 녹여 바나나 우유를 만들어 먹기를 추천한다. 한번 얼리면 섬유질이 파괴되어 더욱 부드러워지므로 토스트 등에 발라 잼으로 사용할 수도 있다. 상온 해동하여 방치하면 열화로 이어질 수 있으므로 주의한다!

냉장 보관하려면 비닐 팩 + 채소 칸

보관 기간은 10~15일 정도

바나나를 하나씩 비닐 팩에 담고 비닐 팩으로 바나나를 감아서 냉장실의 채소 칸에 넣는다. 이렇게 하면 같은 송이의 바나나나 다른 채소에서 나오는 에틸렌 가스의 영향을 차단할 수 있다. 5~10℃의 채소 칸에서 보관하면 바나나 자체에서 발생하는 에틸렌 가스도 줄고 후숙 속도도 늦출 수 있다.

Recipe / 통째로 냉동해서 바나나 구이를

① 바나나는 껍질을 벗겨 하나씩 랩으로 싼다. 냉동용 지퍼 팩에 넣어 밀봉해서 냉동해 둔다.

② 냉동 바나나의 랩을 벗기고 쿠킹 포일로 싼다. 구이판에 얹어 오븐 토스터(1,000W)에서 7분 정도 굽고, 뒤집어 다시 7분 정도 구우면 바나나 구이가 완성된다.

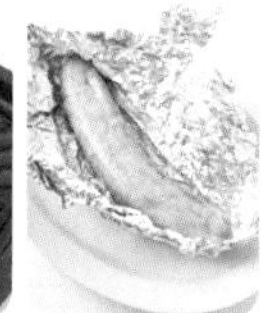

사과

보관 3주간

썰어서 냉동하면 바로 디저트 완성

사과를 썰어 냉동하면 간단하게 디저트로 즐길 수 있다. 사과를 잘 씻어 쐐기모양으로 썰어 심을 제거하고 3조각 정도를 한 번에 랩으로 싼다. 이때, 껍질은 기호에 따라 벗겨도 OK. 레몬즙을 소량 뿌리면 변색을 막을 수 있다. 냉동용 지퍼 팩에 담고 금속제 쟁반에 얹어 냉동실에 보관한다.

Recipe / 냉동 사과로 디저트 만들기

사과 셔벗

냉동실에서 꺼내 상온에 1~2분 정도 두면, 절반 해동 사과 셔벗을 만든다.

사과 구이

전자레인지(600W)에서 약 3분간 (사과 반쪽 기준) 가열해 시나몬 슈가 등을 뿌리면 사과 구이 디저트 완성.

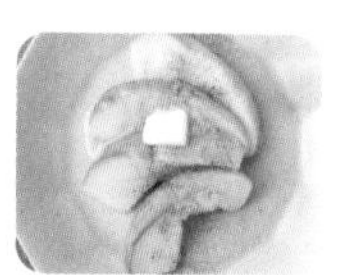

냉장실에서 2개월간 보관하는 요령

채소 칸보다 냉장실에

사과는 저온 다습한 환경을 좋아하므로 냉장실에 보관하는 편이 좋다. 씻지 않고 1개씩 키친타월이나 신문지로 싸서 수분이 날아가지 않게 한다. 비닐 팩에 넣어 입구를 단단히 묶으면 냉장고 안에 '에틸렌 가스'가 새어나가지 않아 다른 채소와 과일이 상하는 것을 억제할 수 있다. 상자로 대량 구입하여 냉장실에 다 넣지 못할 때는 복도나 현관 등 온도가 낮은 장소에 상자 그대로 놓아둔다. 상온에서 보존 기간은 1개월 정도다.

보관 1개월

배

번거로운 콤포트(과일설탕 조림)도 냉동하면 바로 완성

배는 상처가 나기 쉽고 매우 섬세한 과일이다. 장기 보관하고 싶다면 냉동을 추천한다. 해동하면 바로 디저트가 완성된다! 먼저, 배를 씻어 쐐기모양으로 8등분하여 자른 다음 껍질을 벗기고 심을 제거한다. 가지런히 열을 맞춰 랩으로 싸서 냉동용 지퍼 팩에 담는다. 금속제 쟁반에 얹어 냉동실에서 보관한다.

Recipe / 냉동 배로 디저트 만들기

배 셔벗

냉동실에서 꺼내어 15분 정도면 절반 해동 상태가 된다. 셔벗의 식감을 즐길 수 있다. 더운 계절에는 빨리 해동되므로 5분마다 상태를 확인한다.

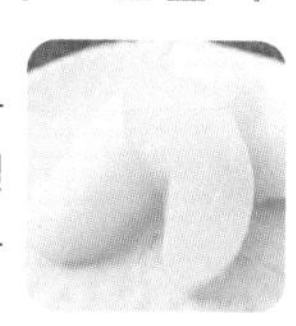

배 콤포트

냉동실에서 꺼내 30분 정도면 콤포트(과일 설탕 조림) 같은 걸쭉한 식감을 즐길 수 있다. 진한 단맛을 맛볼 수 있다. 더운 시기에는 셔벗과 마찬가지로 5분마다 상태를 보며 해동한다.

냉장실에서 2주간 보관하려면?

상온 보관은 피한다

배는 씻지 않고 키친타월로 싼다. 한 장으로 부족하면 2장을 겹쳐서 사용하면 된다. 키친타월로 싼 배를 다시 한번 랩으로 싸고 비닐 팩에 넣는다. 꼭지를 아래로 해서 넣으면 배의 호흡을 억제할 수 있어 신선도가 떨어지는 것을 늦출 수 있다. 2~3일에 한 번 비닐 팩 안을 확인하고 키친타월이 축축해지면 새 키친타월로 갈아준다. 이렇게 하면 2주 동안 보관할 수 있다.

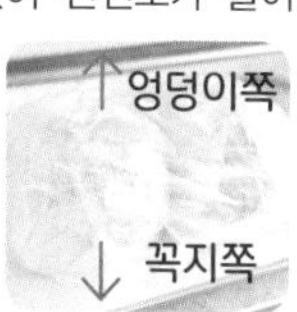

귤

보관
껍질째 2개월
껍질 없이 1개월

추억의 냉동 귤을 집에서 재현할 수 있다

상온 보관하며 곰팡이를 예방하는 요령은?

겨울철엔 상온에서 3주간

현관이나 복도처럼 온도가 낮은 장소에 놓아둔다. 통풍이 잘되는 바구니에 키친타월을 깔고 귤을 담는다. 바닥에 귤을 다 채웠으면 그 위에 키친타월을 깔고 다시 귤을 한 줄 겹쳐 쌓는다. 그리고 다시 그 위에 키친타월을 덮는다. 바구니가 없으면 채반도 OK. 꼭지가 아래쪽으로 가면 건조를 막을 수 있다. 한편, 귤은 두 줄까지만 겹쳐 쌓는다.

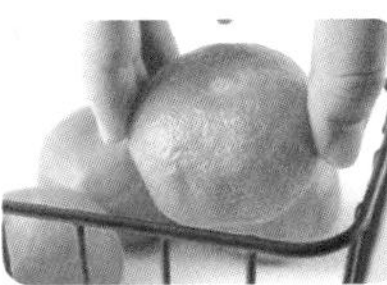

겨울철이 아니면 채소 칸에

귤은 겨울철이 아니거나 적당한 보관 장소가 없을 때는 채소 칸에서 2주 정도 보관할 수 있다. 단, 채소 칸 내부는 건조할 수 있으므로 귤을 키친타월로 1개씩 싸서 여러 개를 하나의 비닐 팩에 담는다. 그리고 꼭지를 아래로 하고 채소 칸에서 보관한다.

양이 많으면 껍질째 냉동 보관

귤을 1개씩 랩으로 싸면 산화와 건조를 예방하면서 손쉽게 냉동 귤을 만들 수 있다. 먼저 가볍게 물로 씻은 다음 물기를 제거하고 귤에 서리가 맺히는 것을 막기 위해 랩의 가장자리를 비틀어 공기가 들어가지 않게 한다. 이것을 냉동용 지퍼 팩에 넣고 밀봉하여 냉동한다. 그러면 냉동실에서 2개월 정도 보관할 수 있다.

이대로 냉동실에 IN!

해동

40분 정도 상온에 놓아두면 껍질을 쉽게 벗길 수 있고 절반 해동 상태가 되어 먹을 수 있다. 급할 때는 냉동 귤의 랩을 벗기고 물에 1분 정도 담갔다가 표면만 해동하여 껍질을 벗기면 된다. 상온 또는 수온에도 좌우되므로 해동 시간은 상태를 보면서 조절한다.

껍질 없이 냉동하면 간편하게 먹을 수 있다

랩은 잊지 말고

껍질 없이 냉동하면 냉동실에서 꺼내어 바로 먹거나 조리할 수 있어 매우 편리하다. 껍질을 벗긴 후 랩의 끝을 비틀어 단단히 밀봉한 상태에서 냉동용 지퍼 팩에 넣는다. 그리고 귤 속을 나누지 않고 통째로 냉동하는 편이 수분 유지에도 좋고 맛도 해치지 않는다.

이대로 냉동실에 IN!

해동

껍질 없이 냉동한 귤은 얼린 채로 과육을 분리할 수 있으므로 먹을 만큼만 꺼내고 나머지는 다시 냉동실에 넣는다. 요구르트에 올리거나 아이스티에 넣어도 맛을 충분히 즐길 수 있다.

오렌지

과육 상태로 손질해 사용하기 쉽게 냉동한다

껍질을 까고 나서 냉동하면◎

오렌지를 냉동할 때는 껍질을 벗긴 후에 보관한다. 해동 후에도 식감이 변하지 않고 신선한 맛을 유지할 수 있다. 한쪽씩 써는 방법을 추천한다. 썬 후에는 과육이 겹치지 않게 랩으로 싸서 냉동용 지퍼 팩에 담는다. 얇은 껍질은 조금 남지만 '스마일 컷'으로도 할 수 있다. 칼집을 넣을 때 그대로 껍질을 벗기면 된다.

해동

냉장실에서 자연 해동(100g 기준 3시간 정도)하여 그대로 먹는다. 얼린 과육을 요구르트나 탄산수, 주스 등에 넣어도 맛있다.

과육을 분리하는 방법

1 두툼하게 껍질을 벗긴다

오렌지는 껍질을 잘 세척한 후 물기를 닦고 위아래 5㎜~1㎝ 정도를 잘라낸다. 오렌지를 도마에 올려놓고 칼로 껍질을 깎듯이 썰어 나간다. 손으로 쥐면 과즙이 흐를 수 있으므로 꼭 도마를 이용한다. 흰 부분이 남지 않도록 껍질은 두껍게 벗겨도 OK.

2 과육을 꺼낸다

오렌지를 손으로 쥐고 과육을 따라 V자 모양으로 칼집을 넣고 한쪽씩 과육을 꺼낸다. 남은 얇은 껍질에도 과즙이 남아 있으므로 짜서 주스로 마시거나 드레싱에 넣는 등 버리지 않고 활용한다.

간편한 '스마일 컷'

1 十자로 자른다

오렌지는 껍질을 잘 씻어 물기를 닦아낸다. 우선 꼭지를 가로로 해서 도마 위에 놓고 반으로 자른다. 다음으로 사진처럼 단면을 아래로 하고 다시 세로로 반을 자른다.

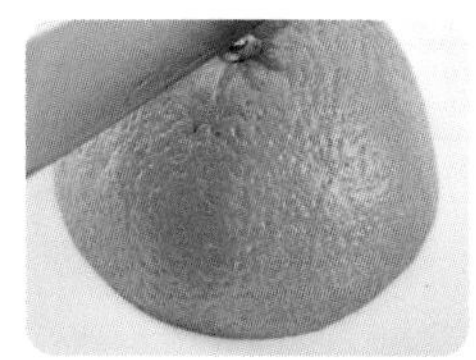

2 8등분하기 & 칼집 내기

방향을 바꾸지 않고 비스듬히 칼집을 넣어 8등분을 한다. 그러고 나서 먹기 좋게 껍질과 과육 사이에 칼을 넣어 절반 정도 칼집을 넣는다.

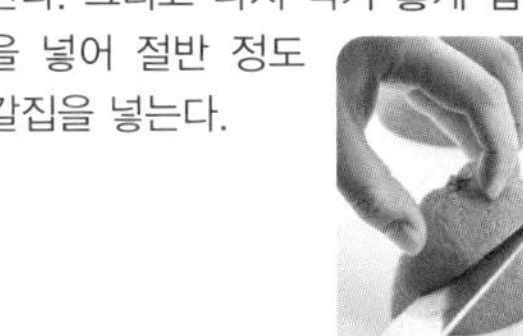

레몬

껍질과 과육을 통째로 냉동해

향과 풍미가 모두 살아 있다

레몬은 냉장실에서 보관하면 향이 사라지고 1주일 정도면 상해버리기 때문에 냉동을 추천한다. 레몬은 잘 씻어서 물기를 제거한다. 랩으로 싸고 냉동용 지퍼 팩에 넣어 가능한 한 밀봉하여 냉동실에 보관한다. 껍질째 사용해야 하므로 국산 레몬과 유기농 레몬 등 '노 왁스(No Wax)' 표기가 있는 제품을 사용한다.

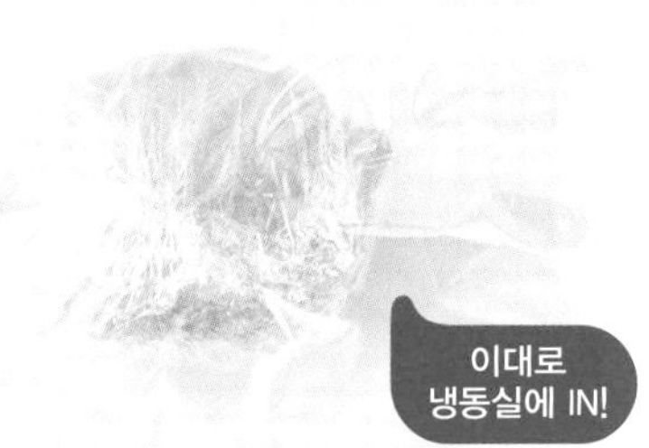

이대로 냉동실에 IN!

해동

얼린 레몬의 껍질을 강판에 갈아 냉우동과 튀김, 생굴 등에 양념으로 사용한다. 30분 정도 상온에 두면 썰 수 있으므로 과즙을 짜거나 과육 부분을 잼으로 만들기도 한다. 해동한 레몬은 재냉동 NG.

○ 모두 사용한다

이대로 냉동실에 IN!

토핑으로 사용하기 편리한 통썰기 냉동

얼린 그대로 요리에 넣는다

레몬을 잘 씻어 물기를 닦아낸다. 통썰기를 하여 랩으로 싼 다음 공기를 완전히 빼고 냉동용 지퍼 팩에 담아 냉동 보관한다.

해동

얼린 채로 토핑이나 조리에 사용한다. 홍차에 넣어 레몬차를 만들거나 치킨과 함께 구워 맛에 포인트를 주어도 ◎. 얼린 상태로 고구마와 가열 조리하는 '담백한 조림'도 추천한다.

과즙을 짜기 쉬운 쐐기모양으로 썰어 냉동

소량씩 사용할 수 있다◎

레몬을 잘 씻어 물기를 제거한다. 쐐기모양으로 자르고 랩으로 싼 다음 냉동용 지퍼 팩에 밀봉하여 넣고 냉동실에 보관한다.

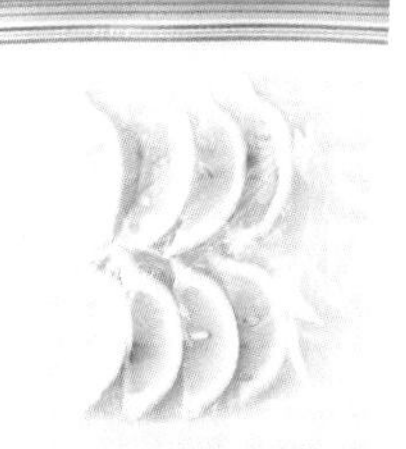

해동

얼린 레몬을 상온에서 10~15분 동안 자연 해동하면 과즙을 짤 수 있다. 해동한 레몬은 튀김에 곁들이거나 음료에 넣으면 좋다.

감

보관 3개월

냉동→해동하면 새로운 식감의 디저트가 된다

이대로 냉동실에 IN!

감을 냉동했다가 해동하면 새로운 식감의 고급 디저트가 된다. 랩으로 싸고 냉동용 지퍼 팩에 넣어 냉동하기만 하면 된다.

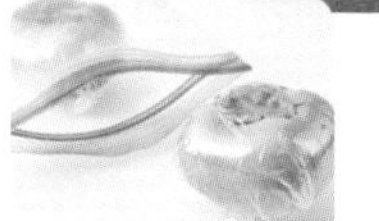

해동

통째로 냉동한 감을 10분 정도 자연 해동하여 칼이 들어갈 정도가 되면 꼭지를 제거한다. 그런 다음 상온에서 50분 정도 방치해 두면 사각거리면서도 부드러운 식감의 디저트 완성! 스푼을 이용해 떠먹는 방법을 추천한다. 상온이나 감의 크기에 따라 달라지므로 제시한 해동 시간은 기준으로 생각하자. 장시간 해동하면 맛이 떨어질 수 있으니 주의한다.

냉장실에서 2주간 보관하는 방법

꼭지의 건조를 방지한다

감은 상온에서 5일 정도 보관하면 부드러워진다. 아삭아삭한 식감을 유지하고 싶다면 냉장 보관하는 편이 좋다. 물에 적신 키친타월로 꼭지를 덮고 랩으로 싼 다음 꼭지가 밑으로 가게 해서 비닐 팩에 담는다. 냉장실 채소 칸에 보관한다.

비닐 팩에 넣어 후숙한다

감이 딱딱하다고 느껴지면 추가로 숙성시킨다. 꼭지를 위로 향하게 하여 비닐 팩에 넣고 상온 보관하면 감 자체에서 나오는 에틸렌 가스로 인해 효율적으로 추가 숙성이 이루어진다.

씨앗을 피하는 방법

사진과 같이 꼭지가 위를 향하게 놓고 잎 모양을 따라 4등분하여 자른다. 이렇게 자르면 씨앗을 피해 자를 수 있다. 그런 다음 칼을 사용해 꼭지 쪽에서 껍질을 벗긴다.

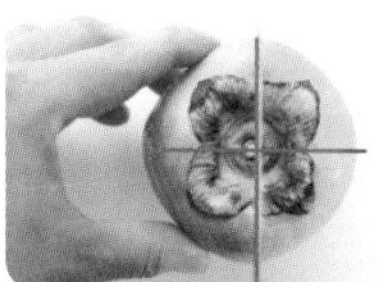

키위

보관 1개월

완숙한 키위는 통째로 냉동해 셔벗을 만든다

냉동하면 사각사각한 식감을

이대로 냉동실에 IN!

완숙 후에 바로 먹지 못할 때는 통째로 냉동한다. 키위를 씻어 물기를 제거하고 1개씩 랩으로 싸서 냉동용 지퍼 팩에 넣고 밀봉하여 냉동실에 보관한다.

해동

냉동한 키위를 물에 적신 다음 엉덩이 쪽에서 꼭지 방향으로 손으로 껍질을 벗긴다. 꼭지를 따고 세로로 8등분한다. 10분 정도면 셔벗과도 같은 식감을 즐길 수 있다. 단맛이 부족할 때는 설탕이나 꿀을 조금 곁들이는 것도 좋다. 상온 해동하여 방치하면 물러짐으로 주의한다.

자몽

보관 1개월

해동 후에도 식감이 변하지 않는다! 요구르트에 넣어 보자

껍질을 벗겨 냉동하면 해동하지 않아도 먹기 편하다

이대로 냉동실에 IN!

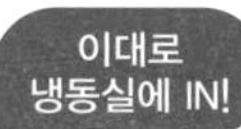

자몽은 해동 후에도 식감이 변하지 않고 맛을 유지할 수 있다. 껍질을 벗겨 잘라낸 과육을 겹치지 않게 랩으로 싸서 냉동용 지퍼 팩에 담는다. 공기를 빼고 밀봉하여 냉동한다. 얇은 껍질은 가능한 한 남기지 않아야 먹기 쉬우므로 과육을 한쪽씩 자르는 것이 좋다(59쪽 참고).

해동

냉장실에서 자연 해동(1개 약 110g 기준 3~4시간 기준)하여 그대로 먹는다. 얼린 채로 요구르트나 주스에 곁들여 먹어도 맛있다.

포도

보관
1개월

포도알의 크기에 따라 냉동 방법을 바꾸자

포도는 상온에서는 쉽게 상하므로 냉동도 하나의 좋은 보관 방법이다. 델라웨어와 같이 알이 작은 포도는 가운데 심 바로 위에서 흐르는 물로 전체를 적셔서 씻는다. 직수로 세척할 경우 송이에서 포도알이 떨어질 수 있으므로 주의한다. 물기를 부드럽게 닦고 한 송이씩 랩으로 싸서 지퍼 팩에 넣어 냉동한다. 거봉처럼 알이 굵은 포도는 우선, 가지를 2~3㎜ 남기고 가위를 이용해 한 알씩 떼어낸다. 가볍게 씻어 물기를 제거한 후 지퍼 팩에 평평하게 넣고 냉동한다.

해동

알이 작은 포도는 껍질째 먹어도 OK

언 채로 껍질째 먹을 수 있다. 껍질을 벗겨서 먹고 싶을 때는 포도알을 손가락으로 5초 정도 쥐고 있어 보자. 그러면 손가락 온도로 표면이 녹아 껍질이 쉽게 벗겨진다.

알이 큰 포도는 흐르는 물에서 껍질을 벗긴다

흐르는 물에 엉덩이 부분을 대고 손톱으로 자국을 내면 쉽게 껍질을 벗길 수 있다. 상온에 10분 정도 두면 절반 해동이 셔벗 상태가 된다.

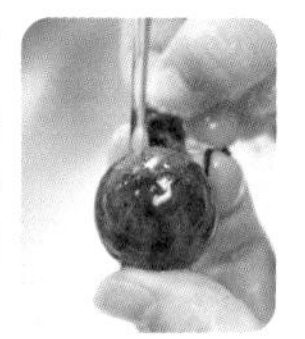

냉장 보관할 때는 씻지 않는다

알이 작은 포도는 씻지 않고 보관한다. 송이를 키친타월로 싸고 꼭 용기에 넣도록 한다. 알이 굵은 포도도 씻지 않고 냉동할 때와 마찬가지로 한 알씩 가위로 잘라 보관한다. 이렇게 하면 열매의 수분을 가지가 가져가지 못한다. 키친타월을 깐 보관 용기에 한 알씩 채워 넣은 다음 키친타월을 덮고 뚜껑을 닫아 냉장실에 보관한다. 두 방법 모두 1주일 정도 보관이 가능하다.

블루베리

보관
6개월

냉장하면 쉽게 무르지만 냉동하면 6개월간 맛을 유지할 수 있다

생블루베리는 시간이 지나면 점차 풍미를 잃어가지만 냉동하면 영양과 맛을 6개월이나 유지할 수 있다. 이때 상한 열매를 제거하는 것이 중요하다. 냉동하기 전 블루베리는 꼭지에 남은 가지를 제거하고 흐르는 물에 부드럽게 씻은 다음 물기를 닦는다. 소분하여 냉동용 지퍼 팩에 넣고 금속제 쟁반에 담아 냉동실에서 급속 냉동한다.

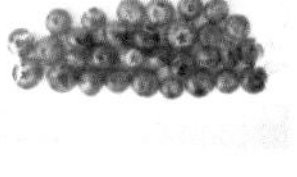

해동

사용할 만큼만 꺼내어 아이스크림이나 요구르트에 토핑으로 얹는 방법이 가장 좋다. 냉장실에 30분 정도 두면 완전 해동되며 식감도 부드러워진다.

상한 블루베리를 구별하는 법

왼쪽 사진과 같이 전체에 과분(흰색 가루)이 있고 껍질이 팽팽한 알은 냉동할 수 있다. 반면 오른쪽처럼 껍질이 찢어졌거나 만졌을 때 물컹물컹하면 상하기 시작했다는 증거이므로 버리도록 한다. 흰 가루가 없는 것, 과육이 갈색을 띠는 것도 신선도가 떨어졌다는 증거이므로 냉동하지 말고 서둘러 먹는다.

먹을 수 있음 상했다

채소 칸에서 1주일간 보관하려면?

건조를 예방하는 것이 요령

상한 열매는 미리 제거해 둔다. 구입한 팩에 키친타월을 깔고 그 위에 블루베리를 올린 다음 키친타월로 감싼다. 뚜껑을 덮어 채소 칸에서 보관한다. 냉장하면 약 1주일간 보관할 수 있다. 뚜껑 달린 보관 용기도 OK.

복숭아

보관 1개월

2~3일 내로 먹지 못하면 통째로 냉동하기를 추천한다

복숭아는 냉동하면 식감이 변하지만 1개월이나 장기 보관할 수 있다. 먼저 복숭아를 부드럽게 씻고 키친타월로 물기를 닦는다. 1개씩 랩으로 싼 다음 냉동용 지퍼 팩에 담고 밀봉하여 냉동실에 넣는다. 빨대를 이용해 공기를 빼면 거의 진공에 가까운 상태가 된다.

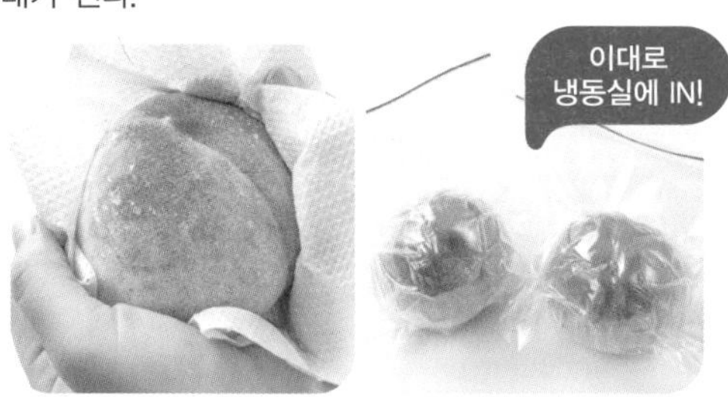

이대로 냉동실에 IN!

해동

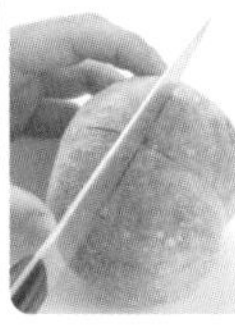

얼린 복숭아의 껍질에 十자 모양으로 얇게 칼집을 내고 흐르는 물에서 껍질을 벗긴다. 냉동하면 과육과 껍질 사이에 틈이 생겨 물에 닿으면 껍질이 쉽게 벗겨진다. 15~30분 정도 상온에 두고 먹기 좋은 크기로 자른다. 더운 계절에는 5분마다 상태를 살핀다. 15분 정도면 절반 해동 상태가 되어 쫀득한 아이스크림을 먹는 듯한 식감을 준다. 여기서 15분 정도 더 해동하면 완전히 녹아 말랑말랑하고 진한 단맛을 즐길 수 있다.

상온 보관으로 구입 당시의 맛을 그대로 유지

복숭아는 상온 보관하는 것이 가장 좋다. 1개씩 키친타월로 감싸 비닐 팩에 넣는다. 복숭아 자체 무게로 접촉면이 상하지 않도록 팬캡을 씌운다. 팬캡이 없을 때는 키친타월을 여러 장 겹쳐 복숭아 밑에 깔아준다. 에어컨 등의 냉기가 닿지 않는 장소에서 보관하고 먹기 전에 냉장실에 1~2시간 넣어두면 단맛이 증가한다. 2~3일 정도 보관할 수 있다.

자두

보관 1개월

통째로 냉동하는 편이 낫다! 자르면 색이 잘 변한다

바로 다 먹지 못할 경우에는 신선할 때 냉동한다. 잘라서 냉동하면 색이 잘 변하므로 통째 냉동하는 방법을 추천한다. 자두는 부드럽게 씻어 물기를 제거한다. 하나씩 랩으로 싸고 냉동용 지퍼 팩에 넣어 밀봉해 냉동한다.

이대로 냉동실에 IN!

해동

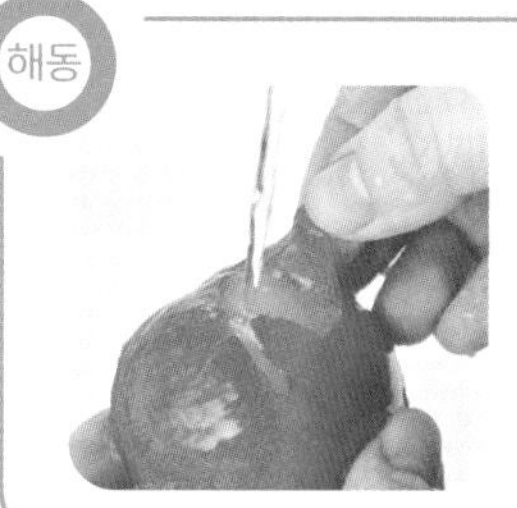

사용하고 싶은 만큼 꺼내어 아이스크림이나 요구르트에 곁들여 먹으면 ◎. 냉장실에 30분 정도 놓아두면 완전히 해동되어 식감이 부드러워진다.

자두 씨 제거하는 방법

① 씨를 제거하는 방법은 아보카도와 같다. 오목하게 들어간 부분에 칼을 대고 씨를 따라 한 바퀴 칼집을 낸다. 양손으로 과육을 잡고 씨를 중심으로 칼집을 따라 비틀어 반을 가른다.

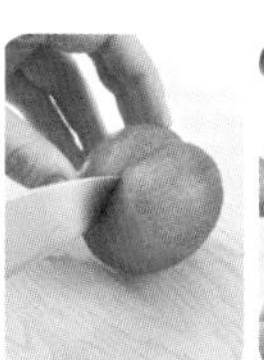

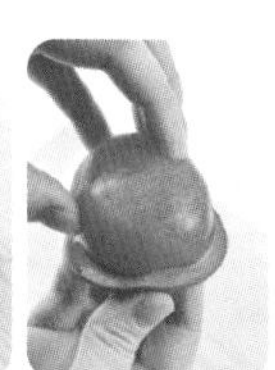

② 씨가 붙어 있는 쪽 과육은 다시 한번 씨를 따라 중간쯤에 칼집을 내고 씨를 중심으로 비틀어 반을 가른다. 마지막으로 과육에 붙어 있는 씨를 칼로 도려낸다.

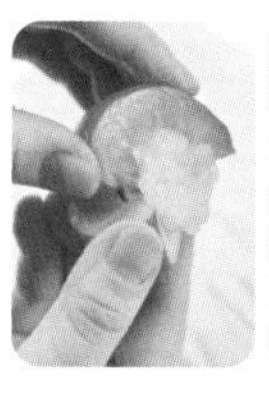

딸기

설탕을 뿌려 냉동하는 것이 Best!

딸기를 10일 이상 보관하고 싶을 때는 냉동 보관을 추천한다. 딸기의 수분을 유지하기 위해 설탕을 뿌려두는 것이 포인트다. 냉동 보관할 때는 딸기를 씻은 다음 꼭지를 떼어내고 물기를 완전히 제거한다. 딸기 전체에 설탕을 고르게 묻힌 후 2~3개씩 랩으로 싸서 냉동용 지퍼 팩에 넣고 가능한 한 공기를 빼고 냉동실에 넣는다.

이대로 냉동실에 IN!

해동

얼린 딸기를 5분 정도 자연 해동하면 셔벗처럼 차갑고 맛있는 디저트로 변신한다. 또는 냄비에 넣고 설탕과 함께 가열하면 딸기잼을 간단히 만들 수 있다.

10일이나 장기 보관할 수 있는 냉장 보관법

쿠킹 포일을 활용한다

장기 보관의 비결은 바로 쿠킹 포일에 있다. 냉장실 내부에서 일어나는 딸기의 광합성을 막고 세균과 곰팡이의 증식을 억제할 수 있다. 냉장할 때는 표면이 거무스름하거나 무른 것은 솎아낸다. 먼저, 쿠킹 포일을 깐다. 딸기는 꼭지가 아래로 가게 하고 서로 닿지 않도록 사진처럼 칸막이를 한다. 그런 다음 다시 쿠킹 포일로 전체를 싸고 냉장실에서 보관한다. 딸기가 상하는 원인이 되므로 물로 씻지 않는다.

체리

3일 안에 먹지 못하면 냉동해서 셔벗으로

표면이 상하지 않도록 물이 담긴 그릇에서 가볍게 세척한다. 그러고 나서 이물질을 씻어내고 키친타월로 조심스럽게 물기를 닦는다. 냉동용 지퍼 팩에 담고 공기를 빼서 밀봉해 냉동실에서 보관한다.

이대로 냉동실에 IN!

해동

상온에서 3분 정도 해동하면 셔벗을 먹는 식감을 즐기며 맛있게 먹을 수 있다. 그 이상 해동하면 식감이 나빠지므로 NG.

냉동하지 않으면 상온에서

3일간 보관할 수 있다

보관 용기에 키친타월을 깔고 씻지 않은 체리를 그대로 담는다. 용기를 꽉 채우면 체리가 상할 수 있으므로 넉넉한 크기의 용기를 선택한다. 키친타월로 감싼 후 뚜껑을 덮어 에어컨 바람이 직접 닿지 않는 곳에 둔다.

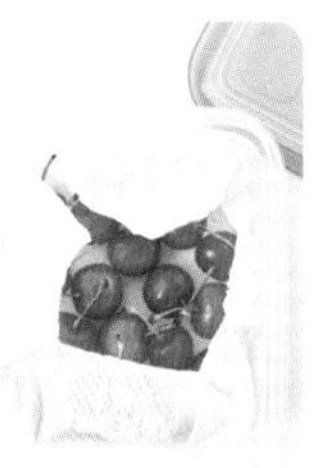

냉장 상태의 체리를 구입했다면

체리는 대부분 상온에서 판매하지만, 온라인이나 산지 직송으로 구입하면 아이스 팩을 동봉하여 냉장 상태로 도착할 수 있다. 이때는 상온 보관과 마찬가지로 키친타월로 싸서 바로 채소 칸에 넣어준다. 상온에서와 마찬가지로 약 3일간 보관할 수 있다.

무화과

무화과는 냉동→해동하여 콤포트 디저트로

무화과는 쉽게 상하기 때문에 냉동 보관이 방법 중에 가장 좋다. 생무화과와 식감은 다르지만 콤포트의 부드러운 식감을 즐길 수 있다. 냉동할 때는 먼저 무화과를 씻고 키친타월로 물기를 제거한다. 1개씩 랩으로 싸서 냉동용 지퍼 팩에 넣고 금속제 쟁반 위에 얹어 냉동실에서 보관한다.

냉장실에서 보관하면?

2~3일 이내에 먹는다

무화과를 키친타월로 1개씩 싼다. 비닐 팩 하나에 2~3개의 무화과를 넣고 냉장실에서 보관한다.

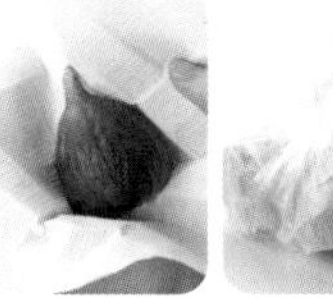

해동

얼린 무화과의 엉덩이에 얕게 十자 칼집을 낸다. 칼집 낸 부분을 흐르는 물에 5초 정도 두었다가 손으로 문지르면 껍질이 스르르 벗겨진다. 5분 정도 상온에 두었다가 먹기 좋게 자른다. 표면이 조금 녹은 절반 해동 상태일 때 자르기 쉽다.

절반 해동해서 먹으면 사각사각한 셔벗의 식감을 즐길 수 있다. 여기서 5분 정도 더 놓아두면 완전히 해동되어 말랑하고 부드러운 콤포트 식감을 준다.

비파

껍질째 통째로 냉동하면 약 1개월간 보관할 수 있다

쉽게 상하는 비파도 냉동하면 풍미가 떨어지는 것을 막으면서 오래 보관할 수 있다. 비파를 1개씩 키친타월로 싸서 겹치지 않도록 냉동 보관 용기에 담고 뚜껑을 덮어 냉동실에 보관한다. 비파는 세워서 넣는 편이 좋다. 세우면 작은 용기를 사용할 수 있으므로 냉동실 공간의 낭비를 줄여준다.

냉동하지 않으면 상온에서 보관

냉장 보관하면 맛과 향이 손상되므로 피하는 것이 좋다. 비파를 1개씩 키친타월로 싸서 겹치지 않게 상자에 담는다. 뚜껑은 덮어도 되고 안 덮어도 괜찮다. 직사광선을 피하고 냉난방 바람이 닿지 않는 실내에서 보관한다. 약 3일 정도 보관할 수 있다.

해동

잘라서 냉동한 비파는 셔벗으로

용기에서 꺼내어 키친타월 상태로 상온에서 자연 해동한다. 15분이면 절반 정도, 30분이면 완전 해동된다. 절반 해동하면 셔벗처럼 즐길 수 있다. 완전 해동하면 진한 잼의 식감으로 변한다.

으깨서 냉동하면 젤라또 아이스크림처럼

그릇에 물을 담고 냉동한 비파를 살짝 굴려준다. 비파를 물에서 가볍게 적셔주면 어디서부터 벗겨도 껍질이 훌랑 벗겨진다. 생비파에 비하면 벗기기 월등히 수월하다.

수박

다 먹지 못하고 남으면
냉동!
생으로 먹을 때와는
다른 식감이◎

한입 크기로 잘라 랩으로 싼다

수박을 한입 크기로 자른다. 가능하면 단면에 보이는 씨를 젓가락을 이용해 제거하고 껍질을 칼로 잘라낸다. 그러고 나서 과육을 먹기 좋은 크기로 자르고 여러 토막을 한데 모아 랩으로 싼다. 이때, 수분이 날아가는 것을 막기 위해 수박끼리 붙여서 싸고 냉동용 지퍼 팩에 담아 냉동하면 된다.

씨를 제거하기 쉽게 자르는 방법

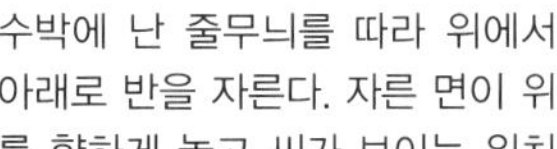

수박에 난 줄무늬를 따라 위에서 아래로 반을 자른다. 자른 면이 위를 향하게 놓고 씨가 보이는 위치를 기준으로 칼을 넣어 자른다. 씨는 대부분 세로로 나란히 들어 있기 때문에 씨가 보이는 단면을 따라 자르면 씨를 쉽게 제거할 수 있다.

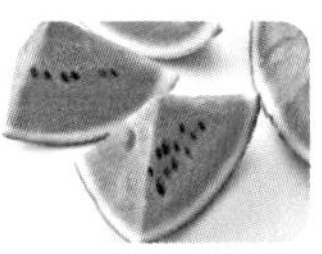

젓가락이나 칼끝으로 씨를 제거한다. 자른 단면(줄무늬)에 씨앗이 모여 있으므로 보이는 부분만 제거하면 OK.

해동

먹을 만큼만 랩을 벗겨 꺼낸다. 붙어 있지만, 손으로 간단히 떼어낼 수 있다. 약 10분간 상온에 두었다가 그대로 먹는다. 그 이상 해동하면 물이 생기므로 주의한다. 상온 해동할 때는 그대로 놓아두면 바로 상해버리므로 빠르게 처리한다.

Recipe /

냉동 수박 아이디어 디저트

톡톡 쏘는 화채

그릇에 얼린 수박, 생키위, 바나나 등을 넣고 차가운 탄산수를 붓는다. 가정에 있다면 민트 잎으로 장식한다. 수박의 단맛이 탄산수에 녹아 나와 탄산수가 은은한 단맛을 띠게 된다. 시원하고 상큼한 맛을 즐길 수 있다.

벌꿀 수박 스무디

냉동 수박을 상온에 3분 정도 두었다가 블렌더에 넣고 꿀과 물을 각각 2큰술을 첨가하여 갈아서 컵에 담는다. 부드러운 최고의 디저트를 맛볼 수 있다. 블렌더가 없으면 강판에 간 다음 꿀을 섞으면 된다.

보관 3주간

멜론

완숙 후에 모두 먹지 못하면 냉동한다

완숙 멜론을 2~3일 이내에 다 먹지 못한다면 냉동 보관하는 편이 좋다. 잘라서 냉동하면 그대로 셔벗처럼 먹을 수 있고 으깨서 냉동하면 재료를 첨가해 아이스크림처럼 먹을 수 있다. 완숙 멜론을 자를 때는 먹기 편하게 자르고 랩으로 쌀 때는 자른 면을 서로 밀착시켜 싼다. 으깰 경우에는 완숙 멜론의 1/4개 분량을 숟가락으로 떠서 냉동용 지퍼 팩에 담고 그 위에서 손으로 주물러 으깬다. 평평하게 펴서 냉동한다.

이대로 냉동실에 IN!

해동

잘라서 냉동하면 셔벗처럼

냉동실에서 꺼내어 랩을 벗기고 10분 정도 상온에 놓아두었다가 그대로 먹는다.

으깨서 냉동하면 아이스크림처럼

냉동실에서 꺼내어 10분 정도 상온에 두었다가 생크림 2큰술을 넣고 팩 위에서 주물러 섞어 주면 아이스크림처럼 먹을 수 있다. 우유를 넣으면 고소한 주스로도 즐길 수 있다. 너무 차면 단맛이 잘 나지 않으므로 취향에 따라 설탕이나 꿀을 넣어도 좋다.

※상온에서 해동한 후 그대로 방치하면 상할 수 있으므로 주의

잘 익었나? 먹기에 적당한 때인지 알 수 있는 포인트

1 멜론의 덩굴 끝이 말라 있는지 확인한다. 덩굴이 달린 부분은 파랗고, 끝이 시들어 갈 때가 먹기 좋은 때다.

2 멜론의 바닥이 부드러운지 확인한다. 엄지손가락으로 눌러보았을 때 조금 들어갈 정도로 익었다면 먹기에 적당한 때이다.

보관 1개월

망고

자른 면을 밀착시켜 냉동하는 것이 포인트

망고를 장기 보관하려면 냉동이 ◎. 먹기 좋은 크기로 잘라 랩으로 싸고 냉동용 지퍼 팩에 넣은 다음 금속제 쟁반에 얹어 급속 냉동한다. 랩으로 쌀 때는 망고를 자른 면끼리 밀착시켜 공기와 접촉하는 면을 가능한 한 줄이는 것이 포인트이다.

이대로 냉동실에 IN!

해동

망고를 냉장실에 1시간 반 정도 두면 반 정도 해동된다. 사각사각한 셔벗 식감이 나며 맛있다. 완전히 해동하면 과육의 식감이 나빠지므로 그때는 블렌더에 갈아 망고 주스를 만들거나 바닐라 아이스크림과 섞어 망고 셰이크를 만들면 아주 먹기 좋게 된다.

냉동하지 않을 때의 보관 방법

완숙 전 키친타월(있으면, 없으면 신문지)에 싼 다음 팬캡(구입할 때 씌워져 있는 것)을 씌운다. 망고를 비닐 팩에 넣고 직사광선이나 냉난방 바람을 피해 상온에서 보관한다. 수확하고 약 1주일이 지나면 완숙된다.

완숙 후 마른 키친타월로 싼 후 젖은 손으로 전체에 물을 뿌린다. 과일 팬캡이나 완충재 등으로 싸고 비닐 팩에 넣는다. 팩의 입구를 가볍게 묶고 채소 칸에 넣는다. 망고는 냉장하면 약 5일 정도 보관할 수 있다.

Column 1

어느새가 한가득! 냉동실 수납, 이것이 정답

상단

높이가 낮으므로 '평평하게' '세로'로 수납

상단은 높이가 낮으므로 기본적으로는 납작하게 만들어 수납하는 편이 좋다. 뚜껑이 반투명인 냉동용 용기를 사용하면 찾기 쉽다. 냉동 밥이나 육류의 크기를 일정하게 만들어 싸면 공간을 효율적으로 사용할 수 있다. 높이를 맞춰 냉동하고 세워서 보기 쉽게 수납하자.

하단

깊이가 있으므로 큰 식재료를 '세로 수납'한다

하단은 깊이가 있으므로 작은 재료보다 큰 재료의 수납을 추천한다. 재료를 겹쳐서 넣으면 찾기도 어렵고 밑에 넣은 것을 잊어버리기 쉽다. 그러므로 기본적으로 식재료는 세워서 수납하려고 노력하자.

작은 식재료는 플라스틱 용기에

생강 조각이나 절반 정도 남은 베이컨 등 사용하고 남은 식재료나 작아서 다른 것과 헷갈리기 쉬운 재료는 앞쪽에 잘 보이는 정해진 장소에 수납하면 깜빡하고 잊어버리는 일을 막을 수 있다. 직사각형 플라스틱 용기를 사용하면 편리하다.

상단과 하단을 나눠서 사용하기

앞쪽과 안쪽 구역을 나누면◎

서랍 앞쪽에는 구입한 냉동식품, 안쪽에는 집에서 손질해 얼린 식재료, 옆에는 아이스크림 등 크게 구역을 나누어 수납한다. 서랍을 여는 순간 어디에 무엇이 있는지 한눈에 알 수 있다!

먼저 상단에서 평평하게 얼린다

냉동용 지퍼 팩에 넣기만 해서는 잘 서지 않는 식재료가 있다. 금속제 쟁반에 평평하게 얹고 상단 공간에서 얼린 뒤 하단에 세워서 수납한다. 평평하게 얼리면 해동하기도 쉬워 일석이조다.

새로운 식재료는 안쪽에 넣는다

정확한 구분 없이 냉동실에 넣기만 하면 어느 식재료가 오래된 것인지 알 수 없게 된다. 새로운 식재료는 안쪽에 넣는다는 규칙을 세우면 자연스레 앞쪽에 오래된 식재료가 모이게 되어 음식을 버리는 일 없이 모두 사용할 수 있게 된다.

2/장

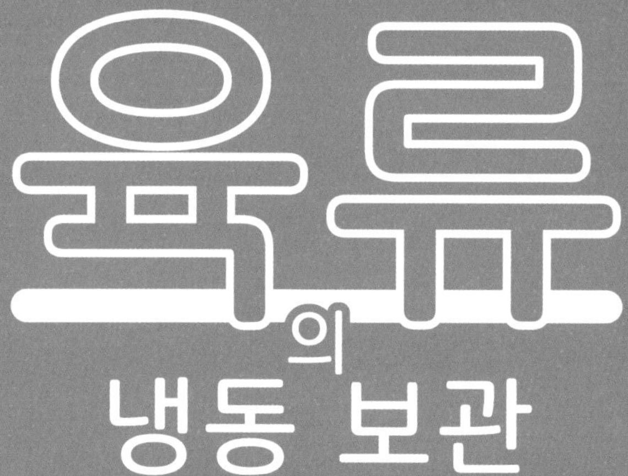
육류
의
냉동 보관

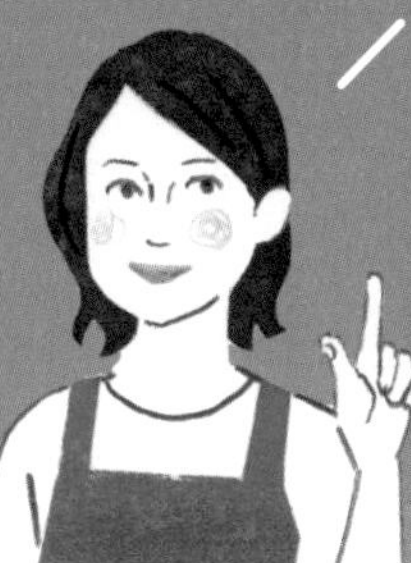
냉동 화상을 방지하고
맛을 유지해요!

닭가슴살

조미료를 넣어 냉동하면 O

장기 보관도 맛도 유지할 수 있다

구입 후 바로 냉동!

상하기 쉬운 닭가슴살은 구입 후 바로 냉동하면 가장 좋다. 닭가슴살에 설탕, 소금, 후추, 술을 넣어 함께 냉동하는 방법을 추천한다. 보관 효율을 높이면서 육질을 부드럽게 하고 밑간도 겸할 수 있어 일석삼조다! 특히 보습성을 높여주는 설탕은 잊지 않도록 한다. 해동 후에 다양한 요리에 사용할 수 있으므로 용도가 정해지지 않은 경우에도 꼭 이 방법으로 냉동한다.

조미료를 첨가해 냉동하는 방법

1 물기를 제거하여 잡내를 억제한다

우선 닭가슴살 표면의 물기를 키친 타월로 충분히 제거하는 것이 잡내를 억제하는 중요한 과정이다. 그런 다음 닭가슴살 하나당 설탕 1/2작은술, 소금 1/4작은술, 후추 약간을 표면에 뿌려준다.

2 조미료가 배게 한다

냉동용 보관 지퍼 팩에 넣고 닭가슴살 하나당 술 2작은술을 넣고 겉에서 손으로 가볍게 주물러 전체적으로 스며들게 한다. 소량의 다진 표고버섯을 팩에 넣으면 단백질 분해효소의 작용으로 더욱 부드러워진다. 그런 다음 팩의 입구를 닫고 금속제 쟁반에 얹어 급속 냉동한다.

해동

소테나 그릴 요리를 할 때는 냉장실에서 약 7～8시간 해동하거나 전자레인지 또는 팩 채로 흐르는 물에서 해동하고(지퍼 팩을 큰 비닐 팩에 넣어 해동하면 더 좋다) 반드시 가열 조리한다. 또는 지퍼 팩에서 꺼내어 얼린 닭가슴살을 끓는 물에 넣어 약 20분 정도 삶은 뒤에 그대로 먹어도 맛있다.

'데쳐서 냉동'하면 해동한 후 바로 식탁에

통째로 냉동

1 약한 불에서 12분간 끓인다

닭가슴살 1개(300～330g)당 필요한 재료는 물 400㎖, 술 1큰술, 대파(파란 부분) 15cm, 저민 생강 3개, 치킨 파우더 1/2작은술이다. 재료를 모두 냄비에 넣고 센 불에 올려 끓으면 약 불로 줄여 약 12분간 끓인다. 거품이 생기면 깨끗하게 걷어낸다. 물에서 삶으면 삶은 국물에도 닭 육수가 우러나온다.

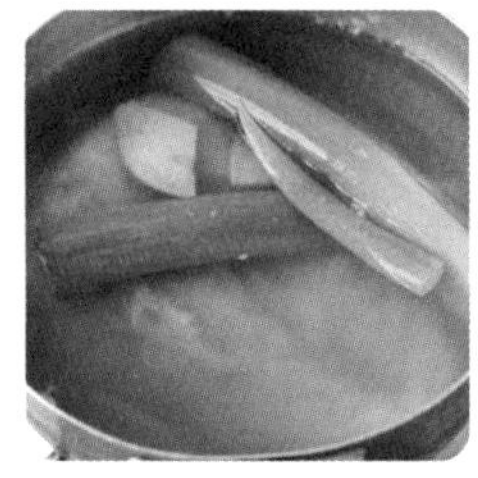

2 식혀서 냉동한다

불을 끄고 냄비 채로 약 2시간 실온에서 식힌다. 다 식으면 닭가슴살을 꺼내어 지퍼 팩에 넣고 삶은 국물(약 300㎖)을 붓는다. 가능한 한 공기를 빼고 밀봉하여 금속제 쟁반에 얹어 냉동실에 보관한다.

이대로
냉동실에 IN!

Idea

고기를 찢어서 보관하면 사용하기 편리하다

차게 식힌 고기는 손으로 잘게 찢고 껍질은 가늘게 채 썬다. 4등분(약 55～60g) 정도로 소분하여 랩에 싸서 냉동용 지퍼 팩에 넣고 냉동실에 보관한다. 삶은 국물도 지퍼 팩에 넣어 냉동한다.

해동

통째로 냉동하면

반나절 정도 냉장실에서 해동하거나 지퍼 팩 채로 내열 용기에 담아 전자레인지(500W)에서 가열해 해동한다. 1～2분 간격으로 상태를 보면서 삶은 국물이 녹아 고기를 꺼낼 수 있을 정도까지 해동한다. 얇게 저며 국에 넣거나 고추냉이 간장 등과 버무려 그대로 반찬을 만든다. 삶은 국물은 죽이나 수프에 사용하면 좋다.

찢어서 냉동하면

3시간 정도 냉장실에서 자연 해동하거나 전자레인지(500W)에서 약 30초(55～60g 기준) 가열한다. 삶은 물은 전자레인지(500W)로 약 4분 정도(300㎖ 기준) 가열하면 얼음이 조금 남을 정도로 해동할 수 있다. 해동 후 고기는 그대로 냉면이나 국수 요리에 첨가한다. 삶은 국물은 수프로 사용한다.

닭 안심살

퍽퍽한 닭 안심살은 이제 안녕

닭 안심살은 가열한 후에 냉동하는 방법을 추천한다. 전자레인지로 할 수 있어서 매우 간단하다. 밑간으로 설탕을 뿌리고 여열로 익히면 퍽퍽해지지 않아 놀랄 만큼 촉촉함을 유지할 수 있다. 한 번에 손질하여 냉동 보관한다.

레인지로 가열한 후 냉동

1 조미료를 뿌려 가열

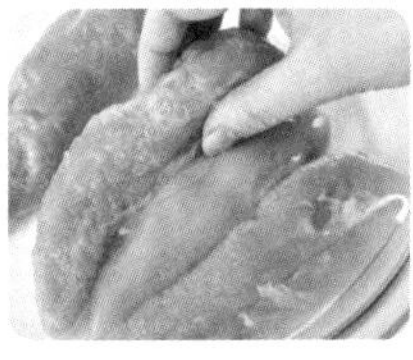

닭 안심살은 물기를 제거하고 내열 용기에 담는다. 4개(약 240g)당 소금 · 후추 약간, 설탕 1작은술, 술 2작은술을 뿌리고 손으로 간이 배게 한다. 그러고 나서 여유 있게 랩을 씌워 전자레인지(600W)에서 4개(약 240g)당 2분 30초간 가열한다.

2 열을 식히고 손으로 찢는다

가열 후, 5분 정도 그대로 두어 여열로 익힌다. 꺼내어 그대로 식히고 완전히 차가워지면 먹기 좋은 크기로 찢는다. 힘줄이 있는 경우에는 제거한다. 속이 옅은 핑크색을 띨 경우에는 10초씩 상태를 보면서 재가열한다. 1회 분량씩 소분해 랩으로 싸고 냉동용 지퍼 팩에 담아 냉동한다.

해동 토핑으로도 편리

얼린 채로 수프나 볶음요리에 넣는다. 전자레인지(600W)에서 1개(약 50g, 가열 상태의 중량)당 40초 가열해 해동하고 그대로 샐러드나 냉채 토핑으로 사용한다. 냉장실에서 자연 해동(50g에 약 6시간)할 수도 있다.

생으로 냉동하면 다양한 요리에 활용할 수 있다

이대로 냉동실에 IN!

하나씩 랩으로 싼다

닭의 안심살은 힘줄을 제거하고 잡내의 원인인 물기를 확실히 닦아준다. 1개씩 랩으로 싸서 지퍼 팩에 담아 냉동한다. 귀찮더라도 1개씩 랩으로 싼다. 고기끼리 들러붙지 않고 수분이 마르는 것을 막을 수 있다.

해동

수분 손실이 적고 썰기 쉬운 절반 해동 상태로 만들어 조리한다. 전자레인지(600W)로 1개(약 60g)당 20~30초 가열하여 절반 해동한다. 또는 냉장실에서 1개(약 60g)당 4시간 정도 자연 해동(절반 해동 상태)하여 수분을 제거한 후 요리에 사용한다.

닭봉

고기에 칼집을 넣어 해동 시간을 단축!

칼집을 내면 먹기에 좋은 장점도

닭봉은 그대로도 냉동할 수 있지만 고기에 칼집을 내고 냉동하면 해동 시간이 짧아진다. 밑간 냉동할 때도 칼집으로 맛이 스며들어 ◎. 아래 내용을 참고하여 손질한 후 닭봉의 펼친 살을 닫고 겹치지 않게 3개씩 랩으로 싸서 냉동용 지퍼 팩에 넣고 밀봉한다. 금속제 쟁반에 담아 냉동실에서 급속 냉동한다.

닭봉 손질 방법

닭봉의 뼈가 보이는 면을 위로 향하게 해 놓고 뼈 바로 위에 칼집 하나 낸다. 살을 좌우로 펼친다. 뼈와 살이 붙어 있는 곳은 뼈와 살 사이에 칼을 넣어 뼈에서 살을 발라내면서 펼친다.

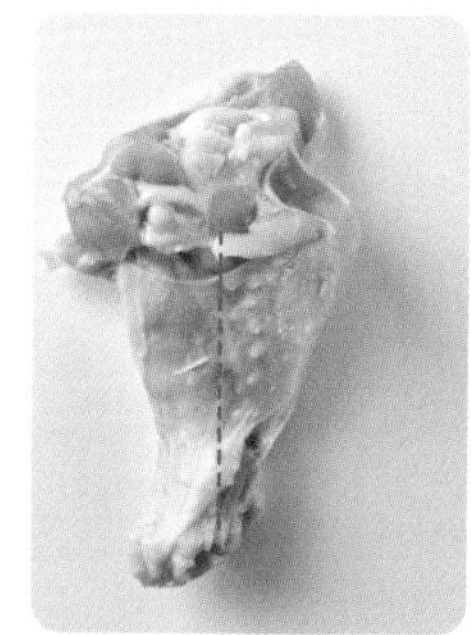
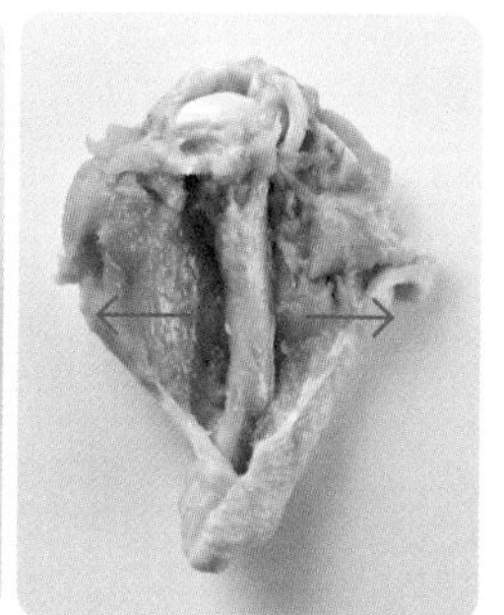

Recipe / 갈릭 간장 맛으로 밑간 냉동

밑간 냉동

① 간장 1큰술, 술 3큰술, 미림 2큰술, 간 마늘 2조각을 섞어 둔다(**A**). ② 칼집을 낸 닭봉 6개에 소금 · 후추를 각각 조금 뿌려 냉동용 지퍼 팩에 넣고 **A**를 첨가해 팩 위에서 주물러 입구를 닫고 금속제 쟁반 위에 올려 급속 냉동한다. 냉동실에 4주간 보관할 수 있다.

해동/조리 방법

① 지퍼 팩의 입구를 닫은 채 전자레인지(500W)에서 1분 30초 가열하여, 절반 해동 상태를 만든다. 닭봉은 팩에서 꺼내어 수분을 제거하고 키친타월로 닦는다(양념은 남겨둔다). ② 프라이팬에 버터 1작은술을 두르고 절반 해동한 닭봉을 넣어 중간불에서 전체적으로 노릇노릇해질 때까지 굽다가 뚜껑을 덮어 속까지 익도록 가열한다. ③ 그리고 냉동용 보관 팩에 남아 있는 양념을 넣고 졸이면서 닭봉에 끼얹고 마지막에 버터 1작은술을 넣어 전체적으로 간이 배게 한다.

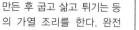

해동 절반 해동해 사용하는 것이 요령

전자레인지(500W)에서 1분 가열하여, 절반 해동 상태로 만든 후 굽고 삶고 튀기는 등의 가열 조리를 한다. 완전히 해동하면 고기에서 수분이 빠져나오므로 반드시 절반 해동 상태로 사용한다.

돼지고기

※쇠고기도 같은 요령으로 냉동

올바른 냉동법으로 맛을 오래 유지

우리 식탁에 매일같이 오르는 돼지고기는 두껍게 썰거나 덩어리로 사용하거나 잘게 다지는 등 그 종류에 따라 적절한 냉동 방법을 선택하도록 한다. 여기서는 맛 유지뿐 아니라 오래 보관하는 방법을 소개한다.

모든 종류에 공통된 점! 우선 3가지 포인트를 기억하자

①구입하자마자 바로 냉동한다
②팩에서 꺼내어 냉동한다
③급속 냉동한다

두껍게 썬 고기를 냉동

하나씩 랩으로 싸서 수분이 날아가지 않게 한다

두껍게 썬 고기는 한 장씩 랩으로 싼다. 이것을 냉동용 지퍼 팩에 넣고 밀봉한다. 알루미늄이나 금속제 쟁반 위에 얹어 냉동실에서 급속 냉동한다.

해동 절반 해동 상태로 조리한다

전자레인지(200W)에서 1장(약 100g)을 기준으로 1분 가열하여 절반 해동한 다음 튀기거나 굽는다. 또는 냉장실에서 1장(약 100g)당 1~2시간 정도 자연 해동(절반 해동 상태)하여 조리한다. 절반 해동 상태로 조리하면 수분이 빠져나오지 않는다.

덩어리 고기의 냉동

용도에 맞게 써는 방법을 바꾼다

이대로 냉동실에 IN!

덩어리 그대로 굽거나 삶을 때

덩어리 그대로 랩으로 밀착해 싼다.

조림이나 스튜 요리를 할 때

먹기 좋은 크기로 잘라 1개(또는 한 번에 사용할 양)씩 소분하여 랩으로 싼다.

각각 냉동용 지퍼 팩에 담고 밀봉하여 알루미늄이나 스테인리스 쟁반 위에 얹어 냉동실에서 급속 냉동한다.

해동

용도별 해동 방법

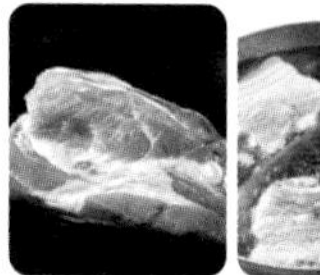

삶거나 조릴 경우 덩어리 채 냉동한 고기를 전자레인지(200W)에서 500g 기준 8분간 가열하고 절반 해동 상태로 만들어 사용한다. 구울 경우에는 냉장실에서 자연 해동(500g에 약 9시간)하고 키친타월로 물기를 닦아낸 후 조리한다. 카레, 스튜, 조림에 자른 고기는 얼린 채 볶거나 삶아서 조리한다.

잘게 썰거나 얇게 저민 고기의 냉동

소분해 냉동하면 언 상태로 조리할 수 있다

이대로 냉동실에 IN!

잘게 썰거나 얇게 저민 고기는 사용 빈도가 높다. 1인분씩 소분하여 냉동하는 것이 좋다. 사용하기 좋은 양의 고기(1인분에 약 80g 기준)를 랩 위에 얇게 펼쳐 싼다. 얇게 저민 고기는 먹기 좋은 크기로 썰어 랩으로 싼다. 또는 집게나 젓가락을 이용해 하나씩 펼친 다음 랩을 사이에 끼우고 포개어 냉동하면 떼어내기 쉽다. 랩으로 싼 고기는 냉동용 지퍼 팩에 넣고 밀봉한다. 알루미늄이나 스테인리스 쟁반 위에 얹어 냉동실에서 급속 냉동한다.

해동

얼린 그대로 조리해도 OK

언 채로 볶음이나 조림 요리에 넣고 조리한다. 또는 전자레인지(200W)에서 80g당 1분 가열해 절반 해동 상태로 만든 후 사용한다. 냉장실에서 자연해동(80g당 약 4시간)하고 키친타월로 물기를 닦아낸 다음 요리에 사용해도 좋다.

Recipe / 밑간 냉동 '돼지고기 된장 마요'

밑간을 하고 나서 냉동하면 맛이 스며들어 맛있어진다. 바쁠 때 매우 유용하다!

밑간 냉동

① 돼지고기 160g을 먹기 좋은 크기로 썰고 소금과 후추를 조금씩 뿌린다. ② 그릇에 된장과 마요네즈를 각각 2작은술, 생강즙 1조각을 넣고 ①을 넣어 잘 섞는다. ③ ②를 반으로 나누고 각각 랩 위에 펼쳐 평평해지게 싼다. 그러고 나서 냉동용 지퍼 팩에 넣고 밀봉하여 냉동한다. 3~4주 정도 보관할 수 있다.

해동 / 조리 방법

① 얼린 돼지고기와 맛술 1큰술을 프라이팬에 넣고 뚜껑을 덮어 중간불에서 굽는다. 마요네즈에 기름이 들어 있으므로 팬에 기름을 두르지 않아도 된다. ② 고기가 녹으면 젓가락으로 떼어내고 기호에 따라 채소(버섯, 양배추 등) 적당량을 넣어 익을 때까지 볶는다. ③ 그릇에 담고 취향에 따라 다진 파슬리를 뿌린다.

다진 고기

보관
생 2 주간
가열 3~4 주간

빨리 상하므로

신속하게 냉동한다

생으로 냉동하면 바로! 사용하는 것이 원칙

다진 고기는 빠르게 산화해 변색이 일어나므로 구입하고 바로 사용하지 않는 고기는 냉동 보관이 기본이다! 구입한 팩 그대로 냉동 보관하는 것은 사용성이나 위생 면에서 바람직하지 않다. 가능한 한 공기와의 접촉을 막기 위해서도 랩으로 싼 후 냉동용 지퍼 팩에 담는다. 한편, 시간이 지나 갈색이 된 고기는 냉동하면 NG. 가능한 한 빨리 가열 조리한다.

소분하여 냉동하면 2주간 보관

이대로 냉동실에 IN!

소분하여 랩으로 싸면 잘 상하지 않고 수분이 빠져나가는 것도 방지할 수 있다. 다진 고기는 한 번에 사용할 양(약 100g 기준)만큼 소분하여 공기와 접촉하지 않게 랩으로 싼다. 최대한 평평하게 만들면 해동하기 쉽고 냉장실 안에서도 부피를 많이 차지하지 않는다. 랩으로 싼 뒤에는 냉동용 지퍼 팩에 담고 공기를 최대한 뺀 다음 입구를 닫는다. 금속제 쟁반 위에 얹어 냉동실에서 급속 냉동한다.

해동 절반 해동 상태로 조리

전자레인지(200W 혹은 해동 모드)에서 100g당 1분 가열해 절반 해동한 후 조리한다. 또한 냉장실에서 100g을 기준으로 3~4시간 두어 자연 해동(절반 해동 상태)한 후 조리한다. 절반 해동 상태로 조리하면 거의 물이 생기지 않는다.

듬성듬성 펼쳐서 냉동하면 필요한 양만큼 쓸 수 있다

우선 고기를 펼쳐 30분간 냉동한다

금속제 쟁반에 랩을 깔고 다진 고기를 팩에 들어 있는 그대로 옮긴다. 젓가락이나 포크로 고기를 듬성듬성 펼치고 위에서 랩을 씌워 냉동실에 넣는다. 30분 정도 지나면 냉동용 지퍼 팩에 옮겨 담고 공기를 뺀 후 입구를 닫아 냉동실에 보관한다. 2주 정도 보관할 수 있다.

해동 언 채로 볶음밥이나 조림, 수프 등에 넣어 조리한다. 소량씩 사용할 수 있으므로 요리에 조금만 넣고 싶을 때 매우 편리하다.

가열한 후 냉동

도시락이나 반찬으로 활용

볶아서 냉동하면 3~4주간 보관할 수 있다. 도시락이나 토핑으로 사용하려면 적절하게 간을 하는 것이 포인트다. 언 채로 수프나 볶음요리에 넣어 가열해도 ◎.

해동

반드시 가열 조리한다

다진 고기 100g을 기준으로 전자레인지(500W)에서 1분 가열해 해동한다. 밥이나 냉채, 샐러드 등에 토핑으로 사용한다.

1 다진 고기를 포슬포슬하게 볶는다

팬에 다진 고기와 재료를 넣고 볶는다. 고기가 흩어지면 간을 하고 수분이 날아갈 때까지 볶는다. 쟁반에 옮겨 담고 그대로 식힌다(고기 종류별 추천 레시피는 다음을 참고한다).

2 랩에 싸서 냉동용 지퍼 팩에

한 번에 사용할 양(약 100g 기준)만큼 소분하여 랩에 싸서 냉동용 지퍼 팩에 담는다. 그리고 공기를 빼고 입구를 닫아 냉동한다.

이대로 냉동실에 IN!

Recipe / 냉동 보관에 편리! 고기 종류별 소보로 레시피

닭 다진 닭고기

일식 도시락과 달걀말이 재료로!

① 프라이팬에 샐러드유 1큰술을 두르고 약한 불에서 가열, 다진 생강 2조각 분량을 볶는다. 향이 오르면 다진 닭고기 400g을 넣고 중간불에서 볶는다.
② 고기가 흩어지면 간장 · 미림 각각 2+2/3큰술, 설탕 1+1/3큰술로 간을 맞춘다. 삼색 도시락의 토핑이나 주먹밥 재료로 사용한다. 얼린 채로 달걀말이에 넣어도 좋다.

돼지 다진 돼지고기

중식 볶음밥이나 마파두부에!

① 프라이팬에 참기름 1큰술을 두르고 중간 불에서 달구다가 다진 양파 1/4개, 다진 생강 1조각 분량을 볶는다.
② 양파가 숨이 죽으면 다진 돼지고기 400g을 넣고 볶는다. 고기가 흩어지면 설탕, 된장 각각 2큰술, 두반장 2작은술로 간을 맞춘다. 짜장면에 토핑으로 넣는다. 언 채로 볶음밥에 넣어도 좋다.

소·돼지 다진 고기

미트 소스나 크로켓으로! 간단한 만능 레시피

① 프라이팬에 올리브오일 1큰술을 넣고 중간 불에서 달군 후 다진 양파 1/4개, 다진 마늘 2조각 분량을 볶는다.
② 양파가 숨이 죽으면 다진 고기 400g을 넣는다. 고기가 흩어지면 소금 2작은술, 후추, 육두구 각각 조금씩 넣어 간을 한다.

간

보관
2~3
주간

깨끗하게 손질하여
신선할 때 냉동

간 냉동 맛을 유지하는 3가지 원칙

【1】 구입한 당일에 냉동한다

간은 보관 기간이 길어야 1~2일 정도이므로 구입하면 가능한 한 빨리 손질해 냉동하는 것이 기본이다!

【2】 물로 씻고 흐르는 물에서 피를 뺀다

간을 썰어 물로 씻은 다음 흐르는 물에서 피를 빼는 것이 중요하다. 이렇게 손질하면 잡내가 약해지고 핏덩어리도 제거할 수 있다.

【3】 '얇게' 손질해 냉동한다

냉동할 때는 간을 겹치지 않게 랩 위에 놓은 다음 납작한 상태로 보관하는 것이 기본이다. 이렇게 하면 냉동과 해동 시간이 단축된다. 언 채로 조리해도 사용하기 편리하다.

돼지의 간

닭의 간 (심장)

소의 간

소·돼지의 간

〈손질〉 베어 썰기를 하고 흐르는 물에서 핏물을 뺀다

1 지방을 제거한다

간은 덩어리 상태에서 표면에 지방이 있으면 칼로 잘라낸다.

돼지 간

2 베어 썰기를 한다

간을 8㎜~1㎝ 크기로 베어 썰기를 한다.

돼지의 간

소의 간

닭의 간

〈손질〉 간과 심장(염통)을 잘라내고 흐르는 물에서 핏물을 뺀다

1 간과 심장을 떼어낸다

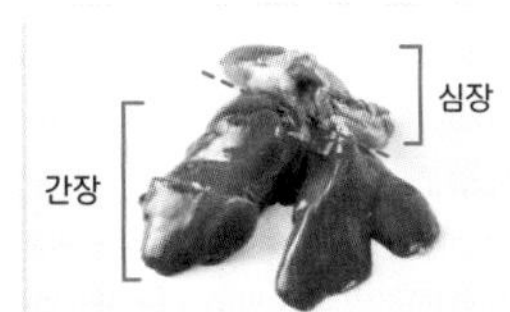

심장을 들어 올리고 점선 부분에 칼을 넣어 심장과 간을 떼어낸다.

2 각각 떼어낸다

심장은 중심에 칼을 넣어 세로로 반을 자른다. 간은 두 덩어리가 연결된 부분을 잘라서 떼어내고 큰 덩어리는 다시 한번 세로로 반을 자른다. 둘 다 세로로 반을 자르면 안의 핏덩어리를 쉽게 제거할 수 있다. 핏덩이를 칼끝으로 긁어낸다. 심장의 핏덩어리는 안쪽까지 차 있으므로 칼끝으로 긁어내면 제거하기 편하다.

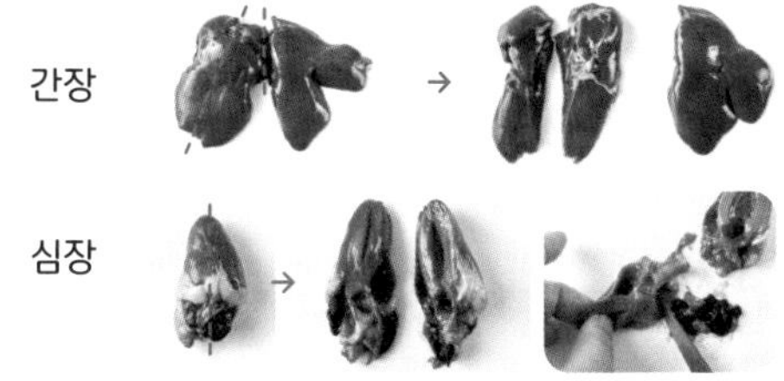

3 흐르는 물에 핏물을 제거한다

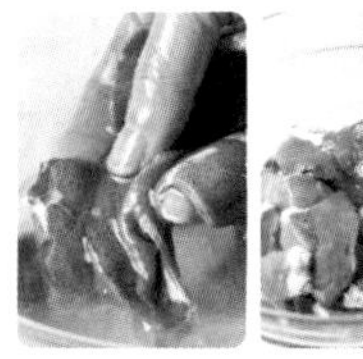

그릇에 물을 담고 간과 심장을 넣어 손으로 주물러 씻는다. 안에 남아 있는 핏물이 나와 물이 탁해지면 물을 버린다. 물이 흐려지지 않을 때까지 흐르는 물에서 씻는다. 채반에 건져 올리고 키친타월로 감싸 물기를 깨끗하게 제거한다.

닭의 간 냉동

심장과 간을 랩 위에 겹치지 않게 얇게 펼쳐 싼다. 한 번에 랩으로 싸는 양은 100g 정도를 기준으로 한다. 금속제 쟁반 위에 얹어 급속 냉동한다. 얼면 냉동용 지퍼 팩에 넣고 다시 냉동한다. M사이즈 팩에 랩으로 싼 100g짜리 2개를 겹치지 않은 상태로 담는다.

해동 모든 간은 이 방법으로 해동을

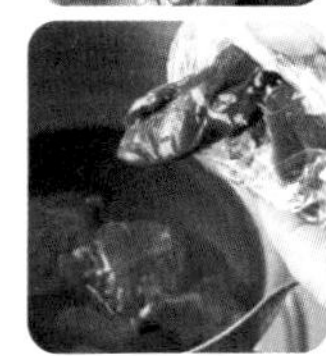

조림과 튀김에 사용할 때는 언 채로 조리해도 OK. 조림에 넣을 때는 차가운 육수에 얼린 간을 넣고 해동하면서 끓인다. 볶음요리에 사용할 때는 언 상태에서는 잘 익지 않으므로 간을 하면서 해동하거나 냉장실에서 절반 해동한 후에 사용한다. 냉장실에서 자연해동하려면 100g을 기준으로 닭 간은 약 4시간, 소 · 돼지의 간은 약 2~3시간이면 절반 해동 상태가 된다. 전자레인지로 해동하면 너무 익어버리므로 NG.

3 깨끗이 씻는다

그릇에 물을 담아 간을 넣고 손으로 주물러 씻는다. 안에 남아 있는 피를 제거하고 물이 탁해지면 물을 갈아준다. 물이 탁하지 않을 때까지 흐르는 물에서 씻는다. 소 · 돼지의 간은 닭에 비해 간 특유의 향과 맛이 강하므로 신경이 쓰일 때는 물에 씻은 다음 우유에 20~30분 담가둔다. 그런 다음 채반에 얹고 키친타월로 감싸서 완전히 물기를 닦아낸다.

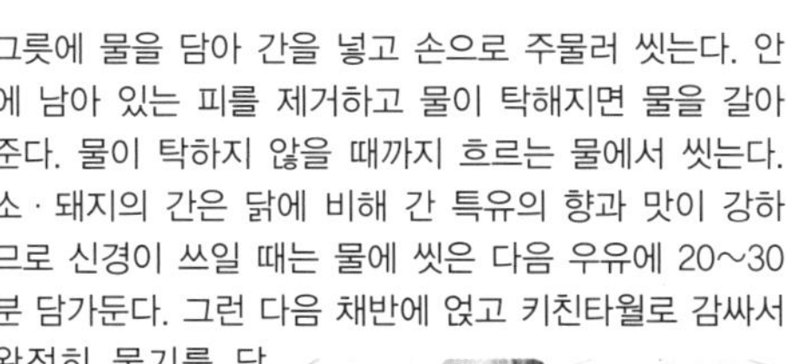

소·돼지 간의 냉동

간을 랩 위에 겹치지 않게 얇게 펼쳐 싼다. 1개당 100g 정도로 하면 낭비 없이 모두 사용할 수 있다. 랩으로 싼 다음에는 금속제 쟁반 위에 얹어 냉동실에서 급속 냉동한다. 얼면 냉동용 지퍼 팩에 넣고 다시 냉동한다.

베이컨

사용하기 쉬운 2가지 냉동 방법을 익힌다

개봉한 베이컨, 다 먹지 못하면 냉동을

일단 개봉한 베이컨은 유통 기한과 관계없이 가능한 한 빨리 먹는 것이 기본이다. 2~3일이 기준이지만 냉동하면 1개월 정도 보관할 수 있다. 개봉하지 않은 상태라면 팩 그대로 냉동하면 되지만 한 번 꺼내면 모두 사용해야 한다. 그러므로 팩에서 꺼내어 소분하여 냉동하는 것이 좋다. 여기서는 편리한 2가지 냉동 방법을 소개한다.

먼저 잘라서 냉동한다

1 우선 잘라서 냉동한다

베이컨을 사용하기 쉬운 크기로 잘라 비닐 팩에 넣는다. 사용하기 쉽게 길쭉하게 잘라 준다. 비닐 팩 입구를 벌리고 주방 가위로 직접 자르면서 넣으면 간단하다. 비닐 팩에 공기를 넣어 팩의 입구를 닫고 위아래로 흔들어 서로 떨어지게 한다.

2 얼린 후 다시 한번 위아래로 흔든다

공기를 남긴 상태로 냉동실에 넣는다. 2~3시간 후 베이컨이 거의 얼었을 때 꺼내어 다시 위아래로 흔들어 베이컨이 서로 떨어지게 한다. 냉동용 지퍼 팩에 옮겨 담고 공기를 빼서 팩의 입구를 닫고 냉동실에 넣는다.

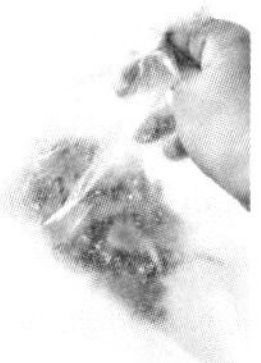

해동

언 채로 볶음이나 파스타, 수프 등에 넣어 조리한다. 소량씩 사용할 수 있으므로 요리에 가볍게 곁들이고 싶을 때 활용한다.

1장씩 펼쳐 '소분하여 냉동'

베이컨 사이에 랩을 끼워 접는다

랩을 펼치고 베이컨을 1장씩 간격을 두고 얹은 다음 끝에서부터 접는다. 중간 크기 베이컨은 그대로, 보통 크기의 베이컨은 반을 잘라 싸면 사용하기 쉽다. 랩 1장당 3~4장을 기준으로 싸면 한 번에 사용할 만큼만 꺼낼 수 있다. 냉동용 지퍼 팩에 넣어 공기를 빼고 입구를 닫아 냉동한다.

해동

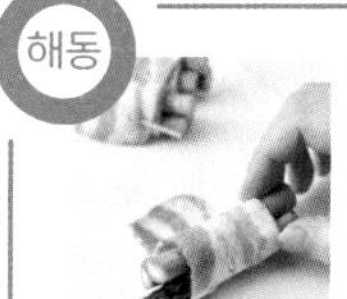

언 채로 프라이팬에 굽는 등 가열 조리한다. 냉동한 베이컨은 그대로 자를 수도 있다. 또는 냉장실에서 자연 해동(40g 기준으로 3시간)한 후에 베이컨 말이 요리에 사용해도 좋다. 서둘러야 할 경우에는 전자레인지(200W)에서 40g 기준으로 1분 40초 가열하여 해동한 후에 사용한다.

비엔나 소시지

보관 1개월

개봉하지 않았다면
구입한 그대로 냉동해도 좋다

구입 팩에는 이미 열화 방지 처리가

비엔나소시지의 팩에는 질소를 넣거나 진공 처리하여 열화를 방지하기 때문에 개봉하지 않은 채로 보관한다면 굳이 개봉할 필요는 없다! 그래서 팩이나 봉투 그대로 냉동하기를 추천한다.

개봉한 후에는 랩으로 싼다

가열 전 상태로 냉동

이대로 냉동실에 IN!

개봉 후에는 냉장실에서 4~5일 정도밖에 보관할 수 없다. 다 사용하지 못할 때는 바로 냉동 보관한다. 1회 사용할 개수를 한데 모아 랩으로 싸서 지퍼 팩에 넣고 냉동 보관한다. 소분한 소시지는 겹치지 않게 평평하게 담아 지퍼 팩에 잘 밀봉하여 담는다.

>>

해동

얼린 채로 뜨거운 물에 넣어 해동한다. 가열 시간은 구입 팩에 적힌 시간에 약 1분을 더하면 된다. 구울 경우에는 미리 해동해 두어야 한다. 전자레인지에서 가열할 경우에는 터질 수 있으므로 냉장실에서 4시간 정도 자연 해동한 후 조리한다. 급할 때는 얼린 채로 뜨거운 물에 넣어 해동한 뒤 조리하면 된다.

먹기 좋은 크기로 잘라 냉동해도 편리

사선으로 얇게 써는 것이 편리

볶음요리에 사용하고 싶을 때는 잘라서 냉동해 두는 편이 좋다. 한 번에 사용할 양을 어슷썰기를 하고 가능한 한 공기가 들어가지 않게 랩으로 둥글게 말아 싼다. 냉동용 지퍼 팩에 넣어 공기를 빼고 입구를 닫아 냉동실에.

이대로 냉동실에 IN!

>>

해동

너무 많이 끓이면 감칠맛이 빠지고 식감도 나빠지기 때문에 수프 등의 국물요리에 사용할 때는 마지막에 넣는다. 채소가 익으면 얼린 채로 넣고 약한 불에서 약 5분(4~5개 기준) 정도 가열한다.

볶음요리에 사용할 때는 기름을 두르고 팬을 달군 상태에서 맨 처음 냉동 소시지를 넣는다. 다른 재료보다 먼저 볶아야 향이 나고 감칠맛과 간이 채소에 밸 수 있다.

햄

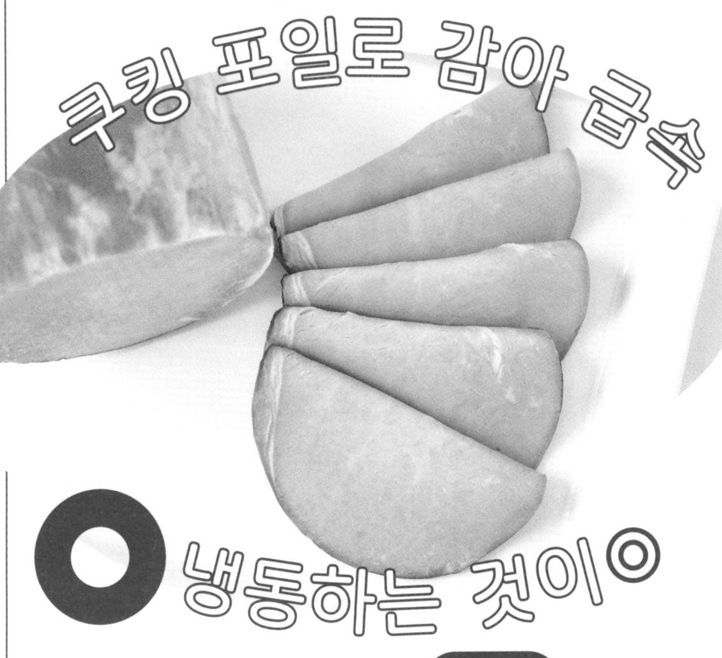

쿠킹 포일로 감아 급속 냉동하는 것이◎

햄은 단면적이 넓어 쉽게 열화한다

햄은 짧은 시간에 냉동하는 것이 기본이다. ① 랩과 냉동용 지퍼 팩을 이용해 이중으로 밀폐하여 건조를 방지한다. ② 쿠킹 포일로 싸서 급속 냉동한다. ③ 냉동한 그대로 가열하거나 냉장실에서 자연해동한다. 이 3가지 포인트를 체크해 신선도를 유지하자!

이대로 냉동실에 IN!

블록 햄 냉동 썰어서 소분한다

이대로 냉동실에 IN!

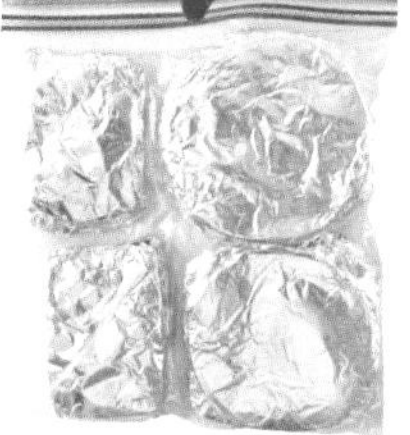

용도에 맞춰 썬다. 수프나 볶음밥 등이라면 1~2cm 깍둑썰기, 햄 스테이크나 햄 카츠라면 1~2cm 두께로 슬라이스, 햄에그나 샐러드에는 얇게 슬라이스한다. 소분하여 랩으로 싸고 쿠킹 포일로 감싸 냉동용 지퍼 팩에 담는다.

해동

깍둑썰기나 얇게 저민 햄은 얼린 채로 굽거나 삶고 볶는 등 가열 조리한다. 두껍게 썬 햄은 수분이 생기기 쉬우므로 쿠킹 포일을 제거한 후 냉장실에서 자연 해동(75g 기준 약 5시간)하고 수분을 제거한 후에 가열 조리하는 것이 좋다.

햄끼리 겹치지 않게 한다

랩 위에 햄을 2~3장 얹는다. 반드시 랩의 바깥쪽에 햄 1장 크기의 공간을 비운다. 바깥쪽에 여유를 둔 랩 끝으로 첫 번째 햄을 싼다. 이어서 그 햄을 접어 두 번째 햄 위에 올라가게 얹어 함께 싼다. 그런 다음 쿠킹 포일로 싸서 냉동용 지퍼 팩에 넣는다.

해동

언 채로 프라이팬이나 토스터에 구워 조리한다. 또는 쿠킹 포일을 벗기고 나서 냉장실에서 자연 해동(2장, 30g에 약 2시간)하고 물기를 제거한 다음 샐러드 등에 넣는다. 생햄의 경우에도 언 채로 사용하거나 자연 해동(3장, 20g 기준 약 30분)한다.

3/장

생선의 냉동 보관

냉동 전 손질도
중요해요

보관
생 2~3 주간
소금 3~4 주간

연어

생연어는 술과 소금으로 잡내를 잡아준다

토막 생연어는 구입 즉시 손질한다

생연어는 신속하게 손질하면 냉동 후에도 물이 생기지 않고 비린내를 억제할 수 있다. 쟁반에 담아 고르게 술과 소금을 뿌리고(한 토막에 술 1작은술, 소금 한꼬집 기준) 10분 정도 두면 연어 살에서 수분이 나온다. 표면에 나온 수분을 잘 닦아내고 한 토막씩 랩으로 싸고 냉동용 지퍼 팩에 담는다. 금속제 쟁반에 얹어 급속 냉동한다.

해동 냉장실에 약 1시간 30분 정도 두고 절반 해동하거나 전자레인지(200W)에서 1토막(90~100g) 기준 약 1분간 가열하여 절반 해동해서 가열 조리한다. 절반 해동하여 가열할 때는 생으로 조리할 때보다 불을 약하게 조절하고 가열 시간을 길게 한다.

생연어의 밑간 냉동

Recipe

신선도가 떨어지기 쉬운 연어의 레시피도 밑간 냉동하면 다양하게 활용할 수 있다! 반드시 소금으로 간하지 않은 생연어를 사용한다.

연어 뫼니에르

이대로 냉동실에 IN!

① 생연어 2토막에 술 2작은술, 소금 2꼬집을 뿌려 10분간 놓아 두었다가 수분을 키친타월로 닦아낸다. ② 소금과 굵은 후추를 약간씩 뿌려주고 한 토막씩 랩으로 싼다. 냉동용 지퍼 팩에 넣고 금속제 쟁반에 담아 급속 냉동한다. 3~4주간 보관할 수 있다.

해동/조리 방법

① 약 1시간 30분간 냉장실에 두거나 전자레인지(200W)에서 1토막(90~100g) 기준 약 1분간 가열해 절반 해동한다.
② 수분을 닦아내고 연어 2토막의 표면에 밀가루 1큰술을 묻힌다.
③ 팬에 버터 1큰술을 넣어 달구고 연어의 양면을 중간 불에서 노릇노릇하게 굽는다. 레몬과 버터(한 토막에 1큰술 정도)를 곁들인다.

연어 데리야키

이대로 냉동실에 IN!

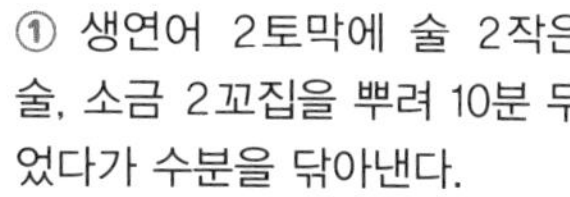
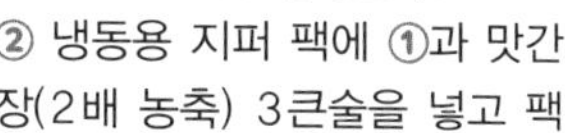

① 생연어 2토막에 술 2작은술, 소금 2꼬집을 뿌려 10분 두었다가 수분을 닦아낸다.
② 냉동용 지퍼 팩에 ①과 맛간장(2배 농축) 3큰술을 넣고 팩의 공기를 최대한 뺀다. 금속제 쟁반에 팩을 평평하게 올리고 급속 냉동한다. 3~4주간 보관할 수 있다.

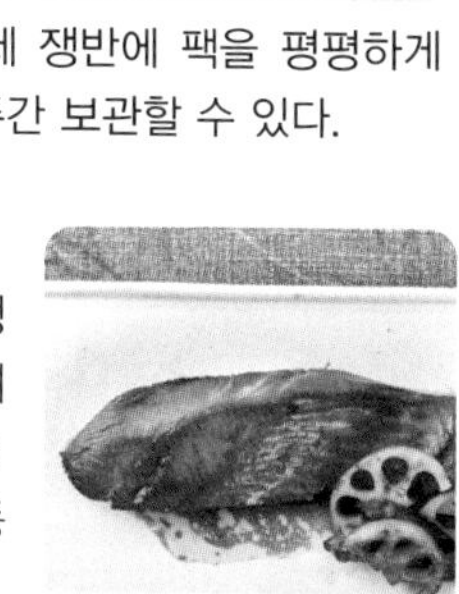

해동/조리 방법

① 냉장실에 약 1시간 30분 정도 두거나 전자레인지(200W)에서 1토막(90~100g) 기준 약 1분 30초간 가열하여 절반 해동한 다음 연어만 꺼낸다.
② 팬에 참기름 1큰술을 두르고 연어의 양면을 중간 불에서 노릇노릇하게 굽는다.
③ 팩에 남은 양념에 설탕 2작은술을 섞어 연어에 입힌 후 팬에 넣는다. 숟가락 등으로 양념을 연어 위에 끼얹으며 가열해 윤기를 낸다.

소금 연어의 경우는 어떻게 할까?

이대로 냉동실에 IN!

소금 간한 연어는 소금에 절인 상태로 판매하므로 생연어처럼 손질할 필요가 없다. 표면의 수분을 잘 닦고 한 토막씩 랩으로 싼다. 그러고 나서 냉동용 지퍼 팩에 넣고 금속제 쟁반에 담아 급속 냉동한다.

해동

냉동실에서 꺼내 그대로 그릴이나 프라이팬에 굽는다. 약한 불 ~ 중간 불에서 약 8분간 한쪽 면씩 천천히 구워 탄 자국이나 눌어붙는 것을 방지한다.

도시락 반찬으로! 구운 연어의 냉동법

이대로 냉동실에 IN!

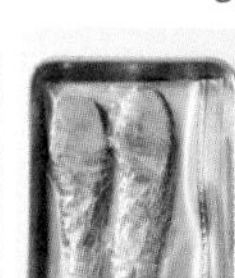

갓 구운 연어에 소량의 술을 뿌린다(1토막에 술 1/2작은술 정도). 여열이 다 식고 나면 한 토막씩 랩으로 싸고 냉동용 지퍼 팩에 넣는다. 도시락에 쓸 연어는 미리 먹기 좋은 크기로 자르거나 살을 발라 냉동하는 것이 좋다. 금속제 쟁반에 담아 급속 냉동한다. 냉동하면 약 1개월간 보관할 수 있다.

해동

랩을 벗기고 내열 용기에 담아 헐겁게 랩을 씌운다. 1토막(약 70g) 기준으로 전자레인지(500W)에서 약 1분 15초 동안 가열한다. 냉동하기 전에 뿌린 술의 효과로 부풀어 오른다.

보관
2~3
주간

고등어

비린내를 없애고 맛을 오래 유지한다

소금을 뿌려 남은 수분을 제거한다

토막 낸 고등어는 상하기 쉬우므로 바로 요리하지 않을 때는 가능한 한 빨리 냉동한다! 팩 상태로 냉동하면 산화와 건조의 원인이 되므로 피한다. 소금을 뿌려 여분의 수분을 제거하고 비린내를 없앤 다음 냉동한다.

비린내를 억제하는 냉동 방법

1 소금을 뿌려 수분을 제거한다

토막을 쟁반에 담고 적은 양으로 소금을 조금 뿌려 10분 정도 냉장실에 둔다. 표면의 수분을 키친타월로 잘 닦는다.

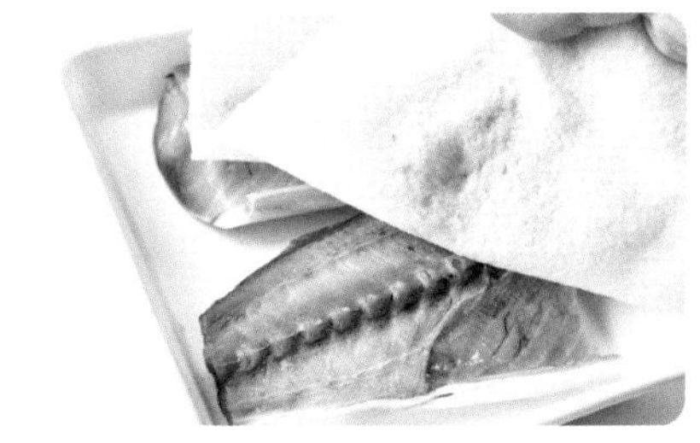

2 랩으로 싼다

건조를 방지하기 위해 랩으로 한 토막씩 빈틈없이 싼다. 냉동용 지퍼 팩에 넣어 금속제 쟁반 위에 얹고 냉동실에서 급속 냉동한다.

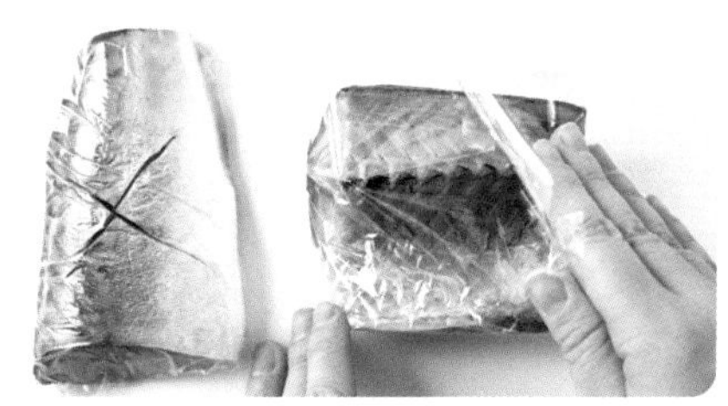

간 고등어는 그대로 냉동 보관해도 OK!

이대로 냉동실에 IN!

팩에서 꺼내어 랩으로 싼다

간 고등어는 이미 수분이 제거된 상태이기 때문에 그대로 냉동 보관이 가능하다. 단, 팩 그대로 냉동하면 건조와 산화가 일어날 수 있으므로 반드시 꺼내어 랩에 싸고 냉동용 지퍼 팩에 담는다. 해동 방법은 생고등어와 동일하다.

해동

얼린 생고등어를 프라이팬에 굽거나 조림을 만든다. 튀김이나 탕수초절임 등 잘라서 조리하려면 전자레인지(200W)에서 2토막(약 270g) 기준으로 2분간 가열하여 절반 해동한 후 잘라서 조리한다.

냉동 생고등어 굽는 법

얼린 생고등어에 소금을 조금 뿌린다. 프라이팬에 샐러드유 적당량을 두르고 약한 중간 불에서 달궈 껍질이 아래로 가게 해서 굽는다. 6~7분 지나 껍질이 노릇노릇해지면 뒤집은 다음 뚜껑을 덮고 약한 불에서 10~12분간 굽는다.

방어

비린내를 제거하는 손질 방법을 익히자

팩 그대로 냉동하는 것은 NG

토막 낸 방어는 바로 조리하지 않을 때는 가능한 한 빨리 냉동한다. 팩 그대로 냉동하면 수분이 날아갈 뿐 아니라 위생 면에서도 NG. 소금을 뿌린 다음에 냉동하면 비린내를 완화할 수 있다.

비린내를 억제하는 냉동 방법

1 소금을 뿌려 비린내를 없앤다

토막 낸 방어는 팩에서 꺼내어 쟁반 등에 얹고 양면에 소금을 조금 뿌린다. 그리고 냉장실에 넣어 10분 정도 둔다. 비린내의 원인이 되는 수분을 키친타월로 완전히 닦아낸다.

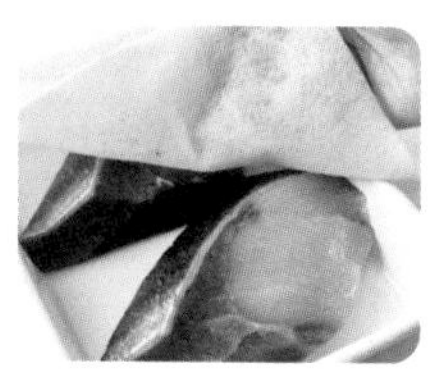

2 랩으로 싼다

냉동 화상의 원인이 되는 산화와 건조를 막기 위해 가급적 공기와 접촉하지 않게 랩으로 단단히 싼다. 한 토막씩 싸면 생선끼리 들러붙지 않아 조리할 때 아주 편리하다.

3 급속 냉동한다

냉동용 지퍼 팩에 넣는다. 가능한 공기를 빼고 입구를 닫는다. 금속제 쟁반 위에 얹어 냉동실에서 급속 냉동한다.

해동

냉장실에서 1토막(약 100g)을 기준으로 2시간 30분, 자연 해동(절반 해동 상태)한다. 전자레인지(200W)에서 1토막 기준으로 1분 10초 정도 가열하여 절반 해동한다. 그리고 나서 키친타월로 물기를 닦아내고, 술을 조금 뿌린 다음 바로 생 방어와 동일하게 조리한다.

Recipe

밑간 냉동하여 '방어 데리야끼'를

비린내도 나지 않고 냉동한 효과로
간이 잘 배는 장점도!

밑간 냉동

① 방어 2토막의 수분을 제거한다. ② 냉동용 지퍼 팩에 얇게 저민 생강 4개, 술 3큰술, 미림 2큰술, 간장 1+1/2큰술을 섞고 ①을 넣어 잘 입힌다. ③ 공기를 빼고 입구를 닫은 다음 금속제 쟁반 위에 얹어 냉동한다. 3~4주간 보관할 수 있다.

해동/조리 방법

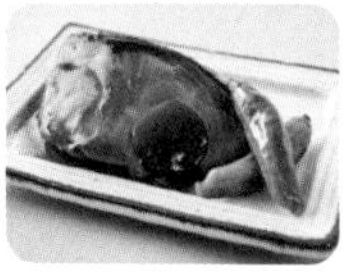

① 냉장실에서 2토막(약 200g) 기준 2시간 30분, 자연해동(절반 해동 상태)한다. 전자레인지(200W)에서 2토막 기준 2분간 가열하여 절반 해동한다.

② 팬에 샐러드유 2작은술을 넣고 약한 불에서 달구고 방어를 팩에서 꺼내어 표면의 양념을 걷어낸 후 굽는다. 노릇노릇해지면 뒤집어서 좀더 굽는다.

③ 남겨둔 양념장에 설탕 1작은술을 첨가해 프라이팬에 넣고 조린다.

시라스

보관 1개월

그대로 냉동하면 훨씬 오래
보관할 수 있다

소량씩 토핑으로 사용할 수 있다

냉장하면 보관 기간이 3일 정도로 짧지만, 냉동 보관하면 1개월이나 장기 보관이 가능하다. 시라스를 냉동 보관하면 냉채나 샐러드에 토핑으로 토스트나 볶음밥의 재료로 사용하는 등 여러모로 편리하다. 그리고 소량으로 사용할 수 있다는 점도 장점이다.

그대로 냉동용 지퍼 팩에 넣어 공기를 빼고 입구를 닫아 냉동한다. 가능한 한 시라스를 얇고 평평하게 펴는 것이 포인트다.

시라스의 잡학
건조 정도에 따라 부르는 이름이 다르다!

'시라스'는 멸치, 정어리, 까나리, 청어 등의 치어를 일컫는 이름으로 수분량에 따라 다르게 부른다. 수분량이 80% 정도면 '자숙 시라스', 70% 정도는 '건조 시라스', 50% 정도는 '반건조 시라스'라고 한다. 수분의 양이 많을수록 냉장 보관할 수 있는 기간이 짧아지는데 냉동 방법과 냉동 보관할 수 있는 기간, 사용법 등은 동일하다.

언 채로 조리할 수 있어 사용하기에 매우 편리하다!

올리기만 하면 OK

언 채로 냉채나 샐러드 등에 올리기만 하면 된다. 상온에서 바로 해동할 수 있어 먹을 즈음에는 알맞은 식감을 즐길 수 있다. 간 시라스도 얼린 그대로 섞으면 OK.

섞기만 하면 OK

비빔밥이나 주먹밥의 재료로 사용할 때는 따뜻한 밥에 얼린 그대로 넣어 섞어주면 된다. 무칠 때도 다른 재료나 조미료와 섞는 동안 적당히 해동된다.

가열 조리도 간단

얼린 채로 파스타나 볶음밥, 달걀말이, 토스트 등에 듬뿍 넣고 그대로 가열 조리한다. 적당한 짠맛이 포인트가 되어 요리를 맛을 살려준다.

살짝 더해 요리를 새롭게

냉동식품에 살짝 가미해 맛에 변화를 줄 수도 있다. 예컨대, 냉동 볶음밥 300g에 시라스 2큰술, 참기름 조금을 첨가해 전자레인지에서 가열해 잘 섞으면 시라스 볶음밥이 완성된다.

새우

보관
생 2~3 주간
데침 3~4 주간

등의 내장을 제거하고 껍질 채 냉동

비린내를 없애는 공정도 잊지 말자

생새우는 등의 내장 부분만 제거하고 껍질 채 냉동하면 OK. 비린내를 제거하는 손질을 잊지 않도록 한다. 등의 내장을 제거한 껍질 새우를 그릇에 담고 8마리 기준으로 소금 1/2큰술, 술 1큰술을 뿌린다. 손으로 부드럽게 버무린 다음 채반에 옮겨 담고 흐르는 물에 씻는다. 물기를 제거한 새우는 겹치지 않게 랩으로 싸서 냉동용 지퍼 팩에 넣는다. 금속제 쟁반에 담아 급속 냉동한다.

데친 새우는 샐러드나 샌드위치에

이대로
냉동실에 IN!

등의 내장을 제거한 껍질 새우를 소금과 술을 넣은 끓는 물에 약 2분간 데치고 차갑게 식힌 후 껍데기와 꼬리를 벗긴다. 데친 새우는 겹치지 않게 놓고 랩으로 싸서 냉동용 지퍼 팩에 넣는다. 금속제 쟁반에 얹어 냉동한다.

해동 랩으로 싼 그대로 내열 용기에 담아 전자레인지에서 해동한다. 새우 8마리 기준으로 전자레인지(200W)에서 3~4분간 가열하여 절반 해동한다. 랩을 벗기고 물기를 닦아내면 그대로 사용할 수 있다.

껍질을 벗겨 냉동하면

그릇에 새우를 넣고 8마리 기준으로 소금 1/2작은술, 녹말가루 1큰술을 뿌린 다음 손으로 부드럽게 주무르면 비린내를 없앨 수 있다. 채반에 옮겨 담고 흐르는 물에 소금과 녹말가루를 잘 씻어내고 물기를 제거한다. 랩에 싸서 냉동용 지퍼 팩에 넣고 금속제 쟁반에 담아 급속 냉동한다.

해동 소금물에 해동하면 줄어들지 않고 탱탱!

바닷물과 비슷한 소금물(염분농도 3% 정도)에서 해동하면 수분과 감칠맛을 잃지 않을 수 있다. 새우 8마리 기준으로 물 500㎖, 소금 1큰술을 그릇에 담고 소금을 푼 뒤 냉동 새우를 넣는다. 껍질 새우는 상온에서 10~15분, 깐 새우는 상온에서 8~10분을 기준으로 해동한다. 흐르는 물에서 가볍게 씻어 물기를 제거한 다음 조리한다.

보관
3~4
주간

문어(데친 문어)

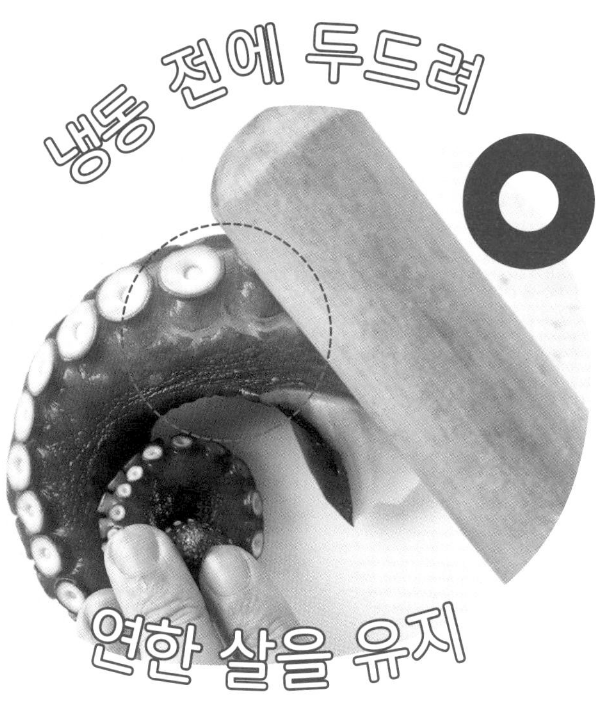
냉동 전에 두드려
연한 살을 유지

실금이 갈 정도로 충분히 두드린다

데친 문어는 냉동 전에 밀대 등을 이용해 두드려 근섬유를 부드럽게 풀어준다. 우선, 데친 문어는 먹기 좋은 크기로 썬다. 다리는 1개=80~100g, 머리는 반으로 자르고 1/2개=약 80g(사진). 그 후, 해동했을 때 생기는 잡내를 없애기 위해 수분을 충분히 제거한다. 그러고 나서 도마 위에 데친 문어를 올려놓고 밀대나 나무공이, 병 등으로 두드린다. 두드릴 때는 사진처럼 데친 표면에 금이 갈 정도가 기준이다.

문어는 데쳐서 밀대로 두드리고 다리 1개, 머리 절반씩 랩으로 싸서 냉동용 지퍼 팩에 넣어 냉동한다.

이대로
냉동실에 IN!

해동

먹기 2시간 전에 냉동실에서 냉장실로 옮겨 절반 해동하고 용도에 맞는 크기로 썬다. 냉동한 데친 문어는 가열 조리해서 먹는다.

Recipe

냉동 데친 문어로 '문어 마늘 볶음'을 문어는 마지막에 넣는다.

너무 오래 볶지 않아야
촉촉한 육즙을 즐길 수 있다

① 냉동 데친 문어 다리 2개를 기준으로, 약 2시간 전에 냉동실에서 냉장실로 옮겨 절반 해동하고 약 1cm 두께로 어슷썰기 한다. ② 마늘 1톨은 얇게 저미고 주키니 1/2개는 약 1cm 두께로 통썰기를 하고 방울토마토 8개는 꼭지를 딴다. ③ 팬에 올리브유 2큰술을 넣고 중간 불에서 달군 다음 마늘과 주키니를 넣고 볶는다. 주키니가 익으면 방울토마토를 넣고 가볍게 볶다가 ①을 추가해 약 1분간 볶은 후 약간의 소금과 후추로 간을 맞춘다.

굴

탱글탱글한 식감을 유지하는 냉동 & 해동 기술

점액이나 이물질을 깨끗하게 제거하고 냉동한다

점액이나 이물질을 제거한 뒤에 냉동한다. 아래 손질법을 참고하여 깨끗이 씻은 후 살이 부서지지 않도록 부드럽게 물기를 닦아내고 금속제 쟁반 위에 겹치지 않게 담아 1시간 냉동한다(랩으로 싸지 않는다). 표면이 언 다음에 팩에 넣으면 굴끼리 달라붙지 않는다. 1시간 후 냉동용 지퍼 팩에 굴을 넣고 지퍼 팩 속 공기를 뺀 후 입구를 닫는다.

이대로 냉동실에 IN!

〈손질하기〉 녹말가루 & 소금물로 이물질 제거

그릇에 굴을 담고 녹말가루(굴 1개에 약 1/2작은술)를 뿌린 다음 가루가 다 풀어질 때까지 부드럽게 주무른다. 그러고 나서 다른 그릇에 물을 담고 소금(물 500㎖에 소금 15g 기준)을 잘 녹여 3% 소금물을 만든다. 여기에 굴을 옮겨 담고 녹말가루를 씻어낸다.

해동

소금물에서 해동하면 쪼그라들지 않는다

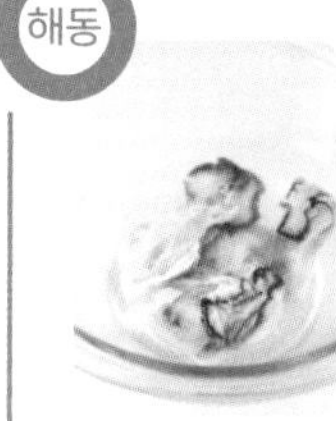

굴을 사용할 만큼 꺼내어 농도 3%의 소금물(물 500㎖에 소금 15g 기준)에 30분~1시간 정도 담가 해동한다. 수분이 빠져나오지 않아 생굴과 같은 탱탱한 식감이 살아난다.

Recipe / 화이트 와인 찜

굴즙이 밴 양파도 맛있다!

① 프라이팬에 올리브유 1큰술을 두르고 중간 불에서 달군다. 얇게 썬 양파 1/2개를 넣고 살짝 볶다가 화이트 와인 100㎖(술로 대체 가능)를 넣는다. ② 완전히 해동한 굴 8개(약 170g)를 양파 위에 올린다. 팬 뚜껑을 덮고 중간 불에서 약 5분 정도 찐 후 소금(약간)으로 간을 맞춘다. 접시에 담고 파슬리를 조금 위에 뿌린다.

바지락

바지락은 껍데기째
냉동하면
감칠맛이 업!

해감해서 급속 냉동한다

바지락은 생으로 냉동하면 조리할 때 감칠맛 성분이 우러나는 장점이 있다. 냉동할 때는 먼저 바지락을 해감하고 물기를 잘 닦은 후 냉동용 지퍼 팩에 겹치지 않게 평평하게 담는다. 공기를 빼고(빨대를 이용해 공기를 빼면 좋다) 팩의 입구를 닫는다. 그러고 나서 금속제 쟁반에 담아 급속 냉동한다.

이대로 냉동실에 IN!

바지락을 해감하는 방법

1 씻어서 소금물에 담근다

물을 채운 그릇에 바지락을 담고 비벼 씻으며 표면의 이물질을 제거한다. 쟁반 등(있으면 그물망을 얹는다)에 바지락을 겹치지 않게 담고 바닷물과 같은 3% 농도의 식염수(물 200㎖에 소금 1작은술)를 잠길 정도로 붓는다.

2 뚜껑을 덮어 어둡게 한다

쟁반에 뚜껑이나 쿠킹 포일을 씌워 어둡게 하고, 상온에 2~3시간(여름철 등 상온이 높을 때는 냉장실에서 4~5시간) 놓아둔다. 해감한 바지락은 채반에 담고 맹물로 가볍게 염분을 씻어 내린다.

사용하고 싶은 만큼, 얼린 그대로 요리에 사용할 수 있다

자연 해동하면 가열해도 껍질이 열리지 않으므로 꼭 얼린 그대로 사용한다! 한 번에 가열하는 것이 포인트.

얼린 그대로 된장국이나 수프에

냄비에 물이 끓어오르면 냉동 바지락을 넣고 한 번에 익힌다. 껍질이 열리면 된장 등으로 간을 맞춘다.

얼린 그대로 레인지에서 술찜을

내열 용기에 냉동 바지락을 담고 술을 뿌린 다음 넉넉하게 랩으로 싼다. 바지락 200g당 전자레인지(600W)에서 3분 가열한다. 일단 꺼내어 전체를 섞어준다. 여유 있게 랩을 싸고 전자레인지에서 1분 더 가열해 껍질이 벌어지면 완성이다. 껍질이 벌어지지 않으면 추가로 30초씩 상태를 보면서 가열한다.

냉동 바지락으로 봉골레 파스타를

프라이팬에 올리브오일, 마늘, 홍고추를 넣고 약한 불에서 가열한다. 향이 오르기 시작하면 냉동 바지락을 넣고 화이트와인을 휘휘 뿌려주고 뚜껑을 덮어 좀더 가열한다. 껍질이 벌어지면 삶은 파스타를 넣고 전체를 버무려주면 봉골레 파스타 완성!

대합

구입한 후에는
이대로 냉동실에 IN!
바로 해감을 끝낸다

해동 전자레인지나 상온에서 자연해동하면 수분과 함께 감칠맛 성분이 빠져나오기 때문에 냉동 상태로 가열 조리하는 방법을 추천한다.

냉동 전에 대합의 상태를 체크

생대합을 보관한다면 감칠맛이 응축되는 냉동 방법을 추천한다. 해감한 후에 물기를 제거하고 껍질이 겹치지 않도록 냉동용 지퍼 팩에 담아 가능한 한 공기를 빼고 밀봉한다(빨대를 이용해 공기를 빼면 된다). 금속제 쟁반에 담아 급속 냉동(사진)한다. 해감할 때는 다음 내용을 참고하여 대합의 상태를 살핀다. 죽은 대합은 솎아낸다. 약한 상태의 대합도 해감 도중 죽을 수 있으므로 잘 살핀다.

냉동 전에! 신선도를 검사하는 방법

죽이지 않는 요령 대합을 구입하면 가능한 한 빨리 식염수에 담아 2시간 이내로 해감을 마치는 것이 중요하다. 해감한 후 바로 먹지 않을 때는 냉장보다 냉동하는 편이 맛을 유지하는 데 좋다.

해감 중에 찔러 본다 해감하는 도중에 껍질이 조금 벌어지므로 가는 젓가락 등을 이용해 살 부분을 찔러 본다. 껍질을 닫거나 몸이 움츠러드는 등 반응이 있으면 살아 있는 상태지만 아무런 반응이 없으면 죽었을 가능성이 높다. 또 살아 있는 대합은 냄새가 나지 않는다. 조금이라도 역겨운 냄새가 나면 죽은 것이므로 꺼내도록 한다.

대합을 해감하는 방법

1 식염수에 담근다 바닷물과 같은 농도인 3%의 식염수(물 500㎖의 경우, 소금 1큰술)를 만들어 쟁반에 담는다. 껍질을 비벼 세척한 대합을 넣고 입이 식염수에 완전히 잠겼는지 물의 양을 확인한다.

2 어두운 환경을 만든다 쿠킹 포일을 씌우고 1~2시간 정도 냉장실에 그대로 둔다. 해감해서 판매하는 대합이라도 충분하지 않을 수 있으므로 구입한 후에는 반드시 해감을 한다.

명란젓

풍미를 유지하는 요령은 밀봉보관 & 급속 냉동

명란젓은 냉장하면 점차 신선도가 떨어져 풍미와 식감이 손상된다. 다 먹지 못할 때는 서둘러 냉동한다. 사용하기 편리하게 2~3cm 크기로 잘라 한 끼 분량씩 랩으로 싼다(껍질 벗긴 명란 알도 마찬가지). 냉동용 지퍼 팩의 공기를 가능한 한 빼고 밀봉하여 풍미를 지킨다. 금속제 쟁반에 담아 급속 냉동하여 볼륨감을 유지하고 한 번 해동한 후에는 다시 냉동하지 않는다.

해동

냉장실에서 천천히 자연 해동

랩으로 싼 그대로 냉장실에서 천천히 해동하면 톡톡 터지는 명란젓의 식감과 풍미가 손상되지 않는다. 해동 시간은 명란젓 약 15g(약 1/3개의 양) 기준으로 15분 정도면 적당하다.

이럴 때는 먹지 않는다!

해동 후 수분이 날아갔거나 흰 실타래가 보이거나 냄새가 이상할 때는 상했을 수 있으므로 먹지 않는다.

냉동하면 껍질이 잘 벗겨진다!

냉동 명란젓에 얕게 칼집을 내면 손으로 간단하게 껍질을 벗길 수 있다. 명란젓 파스타 등 껍질이 신경 쓰이는 요리에 사용할 때는 해동 전에 껍질을 벗겨 두면 OK◎.

연어알

보관 1개월

알루미늄 컵과 용기를 이용해 알갱이를 보호한다

연어알은 소분해서 냉동하는 편이 편리하다. 소분용 알루미늄 컵과 뚜껑이 있는 냉동용 용기를 사용해 냄새가 배거나 알갱이가 상하는 것을 방지한다. 저장 용기에 알루미늄 컵을 담고 연어알을 80%까지 담는다. 뚜껑을 덮고 금속제 쟁반에 올려 급속 냉동한다.

해동

냉장실에서 천천히 해동한다

다른 식재료에 냄새가 배지 않도록 랩을 씌워 수분이나 물방울이 맺히지 않게 쟁반 또는 접시에 담는다. 약 1시간(연어알 40g 기준) 정도 냉장실(있으면 저온 냉장실)에 넣어 해동한다. 1~2일 이내에 다 먹도록 한다. 전자레인지나 흐르는 물에서 해동하는 방법은 NG.

이럴 때는 먹지 않는다!

해동 후에 실이 생기거나 이상한 냄새가 날 때는 상했을 가능성이 크므로 먹지 않고 처분한다.

청주를 뿌려 해동하면 탱탱하게!

청주(요리용 맛술이 아닌 청주) 1작은술을 500W 전자레인지에서 약 30초간 가열해 알코올을 날린다. 식으면 냉동실에서 꺼낸 연어알에 뿌리고 랩을 씌워 냉장실에 둔다. 약 1시간(연어알 약 40g 기준) 정도면 완전 해동된다.

생미역

보관 3~4 주간

데쳐 냉동하면 풍미 & 식감을 유지

3~6월에 유통되는 생미역은 상큼한 바다 내음과 톡톡하고 신선한 식감을 즐길 수 있는 음식이다. 냉장 보관 기간은 3일 정도다. 냉동해도 풍미와 식감이 변하지 않으므로 구입한 뒤에는 신선도가 떨어지기 전에 바로 뜨거운 물에 데쳐 냉동 보관하기를 추천한다.

해동

이미 데친 상태이므로 바로 사용할 수 있다. 냉동 상태로 냄비에 넣고 된장국이나 조림에 사용한다. 그릇에 물과 냉동 생미역을 넣고 약 5분 정도 해동한 다음 물기를 짜고 초무침 등에 넣어도 좋다.

생미역 냉동 방법

1 줄기부터 데친다

줄기 부분은 잘 익지 않으므로 미리 잘라둔다. 냄비에 물을 넉넉히 넣고 끓어오르면 먼저 줄기를 넣고 20초간 데친다.

2 나머지도 빠르게 데친다

20초 후에 나머지 미역을 넣고 살짝 데친다. 초록색으로 변하면 바로 채반에 담는다. 너무 오래 데치면 색이 칙칙해지므로 빠르게 건져내는 것이 중요하다!

3 완전히 식힌다

흐르는 물에 씻으면서 열을 식히고 얼음물에 옮겨 완전히 식힌다. 이렇게 하면 식감이 훨씬 쫄깃쫄깃해진다. 2~3일 안에 다 사용할 경우는 보관 용기에 넣어 냉장 보관한다.

4 소분하여 냉동한다

먹기 좋은 크기로 자른다. 줄기는 단단하므로 가늘게 자르면 먹기에 편하다. 소분하여 랩으로 싸서 냉동용 지퍼팩에 넣어 냉동한다.

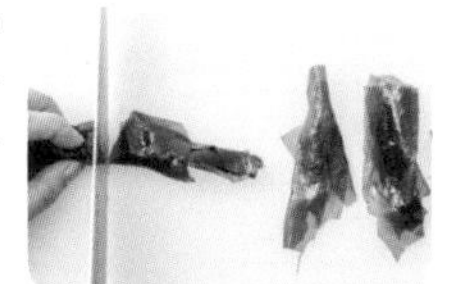

미역귀

보관 1개월

다 먹지 못하면 팩 채 냉동실에

미역귀는 개봉하지 않았다면 팩 그대로 냉동한다. 구입하고 바로 먹지 못할 때는 가능한 한 빨리 냉동한다. 팩 내용물이 한쪽으로 치우치면 해동에 시간이 걸리므로 가능한 한 수평을 유지할 수 있는 환경에서 보관한다. 구입할 때 들어 있는 양념장도 같이 냉동하면 좋다.

개봉한 미역귀는?

팩에 들어 있거나 대용량 미역귀를 개봉한 후에 다 사용할 수 없는 경우에도 냉동 보관한다. 냉동용 지퍼 팩에 담아 납작하고 평평하게 펴서 공기를 빼고 냉동한다.

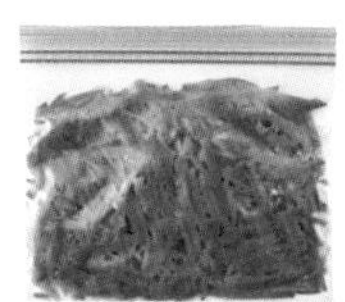

해동

미개봉 미역귀

1팩(35g) 기준으로 냉장실에서 3시간 정도 해동한다. 그대로 먹거나 낫토 등과 함께 먹어도 좋고 수프나 국에 넣는 등 가열 조리할 때는 냉동 그대로 넣어도 OK.

개봉한 미역귀

사용할 만큼 잘라서 꺼낸다. 그리고 얼린 그대로 된장국 등에 넣어 가열 조리한다. 또는 얼린 그대로 미역귀를 접시에 담고 100g을 기준으로 냉장실에서 2시간 정도 해동한 다음 무침에 사용해도 된다. 소량이 필요할 때는 얼린 채로 넣거나 상온에 3분 정도 놓아둔다.

보관
1개월

톳

한 번에 불려 냉동하면 편리

톳은 불리는 데 시간이 걸리므로 한 번에 불려 냉동하는 편이 편리하다. 불려서 물기를 잘 제거한 톳은 냉동용 지퍼 팩에 담아 전체적으로 두께를 평평하게 펴준다. 금속제 쟁반에 올려 냉동실에서 급속 냉동한다.

필요한 만큼 사용할 수 있다

얼린 상태에서 따로따로 떨어지기 때문에 필요한 만큼 해동할 수 있다. 냉동 상태 그대로 가열 조리에 사용한다. 또 샐러드 등에 사용할 경우에는 전자레인지(500W)에서 약 1분 30초(100g 기준) 가열하여 해동하거나 냉장실에서 반나절 정도(100g 기준) 자연 해동한다.

추천 조리법

조림 외에도 해동 후, 채소나 콩과 버무려 샐러드와 무침에 사용하거나 달걀말이에 넣기도 한다. 손쉽게 영양을 보충할 수 있다.

톳 불리는 법

이물질을 제거한다

그릇에 물을 넉넉히 담고 톳을 넣은 다음 상온에서 약 20분간 불린다. 톳의 양이 4배 정도가 되면 채반에 건져 두세 번 물을 갈아 주면서 잘 씻어 이물질을 제거한다.

보관
2~3
주간

청어알

'양념한 청어알'만 냉동한다

시중에서 판매하는 청어알은 2종류가 있다. 생청어알을 소금에 절인 염장 청어알과 소금을 빼고 껍질을 얇게 벗겨 다시 양념한 청어알이 있다. 염장 청어알은 냉동하면 식감이 떨어지므로 냉동 보관은 NG. 한편, 간을 한 청어알 절임은 냉동에 적합하다. 양념해 판매하는 청어알은 제품 그대로 냉동할 수 있다.

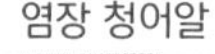

청어알 절임

청어알 절임 냉동 방법

절임 육수에 푹 담근다

냉동용 보관 용기에 청어알을 절임 육수와 함께 넣고 국물이 새지 않도록 단단히 뚜껑을 닫는다. 절임 육수는 청어알이 잠길 정도의 양이 필요하다. 부족할 때는 건조를 방지하기 위해 만들어 보충한다.

절임 육수 만드는 법

물: 맛국물=4:1의 비율로 만든다. 맛국물은 상품에 따라 염분 농도에 차이가 있을 수 있으므로 맛을 보며 간을 조절한다(짠맛의 기준은 조림보다 조금 진한 편이다).

해동

냉동용 보관 용기(300㎖ 용량) 1개 분량의 청어알 절임은 먹기 15시간 전에 냉동실에서 냉장실로 옮겨 해동한다. 물기를 제거하고 손으로 먹기 좋은 크기로 뜯는다. 옥수수나 오이와 함께 마요네즈를 넣어 버무리거나 초무침에 넣어도 OK.

생선구이

보관 1개월

갓 구운 맛을 되살리는 해동 기술

남은 생선구이는 냉장보다 건조를 피할 수 있는 '냉동'을 추천한다. 생선구이는 1토막씩 랩으로 싸 건조와 산화를 방지한다. 한데 모아 냉동용 지퍼 팩에 넣고 냉동실에 보관한다. 집에서 구운 생선을 보관할 때는 갓 구웠을 때 랩으로 싸면 증기를 가두어 수분을 유지할 수 있다.

해동

전자레인지에서 가열한다

냉동한 생선구이의 랩을 벗겨 내열 용기에 담고 1토막 기준 물 1큰술을 골고루 뿌린다. 랩의 끝을 접시 가장자리에 붙이고 접시의 중심 부분을 크게 부풀려 넉넉하게 씌워(사진), 전자레인지(500W)에서 1토막(80~100g) 기준 약 2분간 가열한다.

건조 생선은 프라이팬에서 바삭하게 굽는다

불을 달구기 전에 프라이팬에 생선의 껍질이 아래로 가게 놓는다. 1마리당 물 2큰술과 맛술 1큰술을 골고루 뿌린다. 팬에 뚜껑을 덮고 약한 불에서 약 2분 정도 굽는다(전체적으로 가볍게 구김이 있는 쿠킹 포일로 대체 OK). 뚜껑을 열고 생선을 뒤집어준다. 약 2분을 더 가열하여 완성한다.

생선회

보관 2주간

다 먹지 못하면 절여서 냉동을◎

생선회는 절여서 냉동하면 장기 보관이 가능하다. 먼저 회에 약간의 소금을 뿌려 랩을 씌우고 10분 정도 두었다가 물기를 깨끗이 제거한다. 이것을 냉동용 지퍼 팩에 담고 절임 소스(회 160g당 간장 1큰술, 미림 2큰술)를 넣고 밀봉하여 팩의 입구를 닫는다.

생선회는 맨손으로 만지지 않고 반드시 집게나 젓가락을 사용한다. 팩을 금속제 쟁반에 얹어 냉동실에서 급속 냉동한다.

해동

절반 해동 상태로 가열 조리하는 것이 원칙이다. 물 온도가 10℃를 넘으면 식품이 상할 수 있으므로 그릇에 수돗물을 받아 얼음을 넣고 얼린 지퍼 팩을 넣어 해동한다. 5~10분이면 양념이 녹으므로 안에 있는 회를 집게나 젓가락으로 꺼내어 가열 조리한다. 반드시 한 번에 다 사용한다. 재냉동은 NG.

냉동에 적당한 생선회는?

◎ 오징어, 문어, 가리비는 수분이 적어 냉동에 적합하다. 밑간을 해 냉동하고 감바스나 볶음밥에 넣는다.

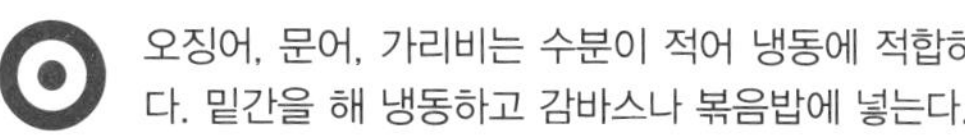

○ 참치, 방어, 잿방어는 튀김이나 데리야키 등에 어울리며 연어, 도미 등의 흰 살 생선, 새우는 감바스나 튀김 등에 활용할 것을 추천한다. 밑간을 한 다음 냉동한다.

✕ 가다랑어, 고등어, 전갱이 등의 등푸른생선은 빠르게 상하므로 그날 안으로 다 먹는다.

Column 2

시판되는 냉동 가리비를 탱탱한 식감으로 해동하는 방법

헛갈리기 쉬운 냉동 가리비의 해동 방법, 용도별 올바른 해동법을 지금 소개!

생선회, 카르파초 등 생으로 먹는다면

'얼음+소금'으로 천천히 해동

소금의 효과로 0℃ 전후의 낮은 온도를 장시간 유지할 수 있어 물이 잘 빠져나오지 않으며 또한 삼투압 작용으로 싱거워지지 않는다.

1 그릇에 얼음과 소금을 넣는다

냉동 가리비(생식용) 8개 정도(약 120g)의 경우, 약 350g의 얼음에 1작은술(약 7g)의 소금을 첨가한 후 손으로 잘 섞어준 뒤 소금을 골고루 뿌린다. 소금의 양은 얼음의 2% 정도가 기준이다.

2 가리비를 그릇에 담는다

그릇에 냉동 가리비를 담고 랩을 씌운다. 냉동 가리비가 튀어나오거나 겹치지 않도록 얼음과 얼음 사이에 끼워 넣는다.

3 상온에서 해동한다

상온에 1시간 반~3시간 동안 두고(가리비의 크기나 기온에 따라 다르다), 해동되면 꺼내어 물기를 잘 닦는다.

POINT 1시간 반 정도 지나면 가리비를 하나 꺼내서 확인한다. 아직 얼어 있을 경우에는 가리비를 그릇에 담고 약 30분마다 상태를 보면서 계속 해동한다.

급할 때는 소금물 해동

3%의 소금물(냉동 가리비 8개에 물 300㎖, 소금 1+1/2작은술)에 얼린 냉동 가리비를 그대로 넣는다. 해동 시간은 여름철 약 15분, 겨울철 약 30분이 기준이다. 조금 식감이 떨어지지만 소금물이 있어 쉽게 싱거워지지 않고 감칠맛의 소실도 억제할 수 있다.

가열 조리할 때는?

버터구이 등 프라이팬에서 가열 조리할 경우에 절반 해동 상태로 사용하면 설구워지거나 감칠맛 소실을 막을 수 있다. 전자레인지에서 해동하면 수분이 빠져나오므로 피하는 것이 좋다. 스튜, 수프, 볶음밥 등의 경우는 얼린 그대로 조리하면 감칠맛을 유지할 수 있다.

4장

유제품, 달걀, 콩제품, 어묵의 냉동 보관

버터

랩으로 빈틈없이 싸서 냄새가 옮고 산화하는 것을 막는다

랩 & 지퍼 팩으로 버터를 싼다

개봉한 버터는 유통 기한과 관계없이 2주 이내에 다 먹도록 한다. 어렵다면 냉동하는 것이 좋다. 냉동할 때는 버터의 은박지 위에서 랩으로 싼다. 종이는 공기를 통과시키기 때문에 랩으로 싸면 산화를 막을 수 있다. 이것을 냉동용 지퍼 팩에 넣고 공기를 뺀 다음 입구를 닫고 냉동실에 보관한다. 은박지 위로 랩을 싸서 지퍼 팩에 넣으면 냄새가 배거나 산화하는 것을 막는 효과가 올라간다.

해동한 버터는 2주 이내에 사용한다

냉장실에서 자연 해동한 후 사용한다. 일단 냉장실에서 자연 해동한 버터는 다시 냉동할 수 없으므로 2주를 기준으로 모두 사용한다. 3일 이내에 다 사용하지 못하는 양은 랩으로 싸서 버터 케이스 등의 보관 용기에 넣으면 산화를 막을 수 있다. 또는 얼린 버터를 뜨거운 물로 달군 칼을 이용해 사용하고 싶은 만큼만 자르면 된다. 사용하지 않고 남은 버터는 은박지와 랩으로 빈틈없이 싸서 냉동용 지퍼 팩에 넣어 냉동한다.

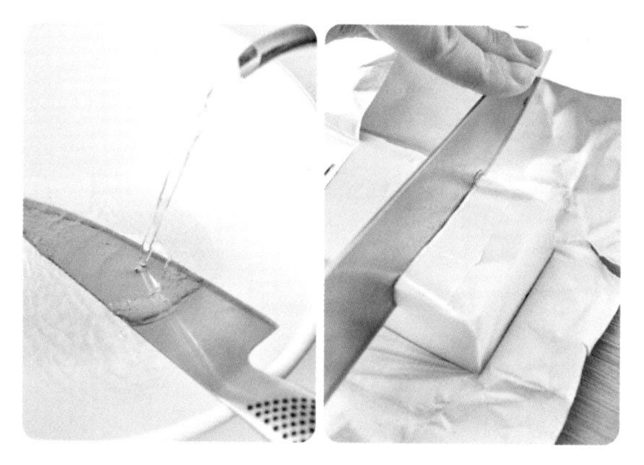

잘라서 소분해 냉동하면 사용이 훨씬 편리하다

조리를 생각한다면 자른 후 소분하여 냉동하기를 추천한다.
미리 계량해 두면 사용하기 편리하다

1 용도에 맞게 버터를 자른다

사용 빈도에 따라 ① 5g(빵에 바르거나 요리의 마지막에 감칠맛을 내기 위해 첨가하는 데 안성맞춤) ② 10g(볶음이나 스튜 등의 베이스로 추천) ③ 50g(케이크나 쿠키 등 과자 만드는 데 안성맞춤)으로 나누어 자른다.

2 소분하여 랩으로 싼다

1개씩 소분하여 랩으로 싼다. 5g으로 자른 버터는 랩을 펼쳐 놓고 그 위에 간격을 띄워 싸고 그 틈을 집게손가락으로 눌러 공기를 뺀다.

3 쿠킹 포일로 싸서 지퍼 팩에

버터를 쿠킹 포일로 싼 후에 냉동용 지퍼 팩에 담고 공기를 빼서 냉동한다. 버터는 공기뿐 아니라 빛에도 산화하므로 랩 위에서 쿠킹 포일로 싸면 열화를 막을 수 있다.

Idea
키친타월을 사용하면 자르기 쉽다

버터를 자를 때 버터가 칼에 달라붙어 잘 잘리지 않을 때는 키친타월을 사용한다. 키친타월을 반으로 접고 칼날의 끝을 사이에 끼워 버터를 자르면 칼이나 손에 버터가 달라붙지 않고 부드럽게 자를 수 있다.

소분한 버터는 얼린 채로 사용할 수 있다

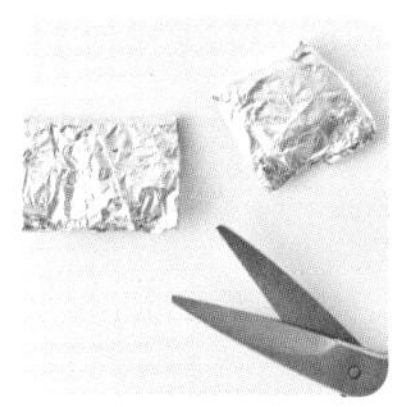

얼린 그대로 토스트에 올리거나 프라이팬에 녹여서 사용한다. 과자 만들 때 사용할 경우는 여름철에는 50g 기준으로 30분 정도 상온에 두면 부드러워진다. 추운 계절에는 쿠킹 포일을 벗기고 랩을 씌운 채로 전자레인지(200W)에서 10초씩 상태를 보면서 가열하여 해동한다. 랩과 쿠킹 포일로 싼 버터는 쿠킹 포일을 가위로 자르면 한 개씩 꺼낼 수 있다. 사용하지 않고 남은 버터는 바로 냉동실에 넣는다.

보관
3주간

생크림

개봉한 후 다 사용하지 못하면 거품을 내어 냉동

생크림은 개봉하면 오래 사용할 수가 없지만 냉동하면 3주까지도 보관할 수 있다! 단 그대로가 아닌 거품을 낸 상태로 냉동하면 해동 후에도 분리되지 않고 사용할 수 있다. 디저트용은 설탕을 넣고, 조리용은 설탕을 넣지 않고 거품을 낸다. 식물성이든 동물성이든 모두 사용이 가능한 보관 방법이다.

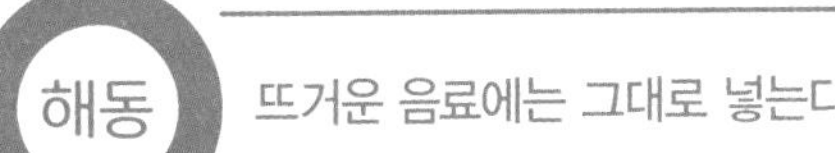

해동 뜨거운 음료에는 그대로 넣는다

〈디저트에 사용할 경우〉

커피나 코코아 등 따뜻한 음료에 올리는 토핑이라면 얼린 채로 사용할 수 있다. 차가운 음료나 케이크 등의 데커레이션에 사용할 경우는 냉장실에서 30분 정도 해동한다.

〈요리에 사용할 경우〉

스튜나 그라탱, 파스타 소스 등 가열 조리할 경우에는 얼린 채로 요리에 넣는다. 점성이 있는 드레싱이나 딥 소스에 사용하는 등 가열 조리하지 않을 때는 냉장실에서 30분 정도 해동한 뒤에 사용한다.

분리되지 않는 냉동 방법

1 충분히 거품을 낸다

생크림이 뾰족하게 각이 설 때까지 거품을 낸다(8~10분간 저어준다). 분리되지 않게 하려면 충분히 거품을 내는 것이 중요하다. 디저트용으로 보관하고 싶을 때는 생크림 200㎖ 기준으로 설탕 3큰술을 넣는다.

2 짜서 냉동한다

금속제 쟁반에 랩을 깔고 거품을 낸 생크림을 짜낸다(스푼으로 떠서 놓아도 OK). 쟁반 위에 랩을 씌우고 냉동실에 넣는다. 랩 위에서 손가락으로 만져봐서 완전히 얼었다면 냉동용 지퍼 팩이나 보관 용기에 옮겨 담고 냉동실에서 보관한다.

요구르트

100g 기준 설탕 1큰술을 넣는다

플레인 요구르트는 그대로 냉동하면 해동할 때 분리된다. 하지만 설탕을 첨가해 냉동하면 괜찮다. 설탕의 양은 요구르트의 약 10%(100g당 설탕 1큰술 정도)가 기준이다. 주걱이나 스푼 등으로 잘 섞고 뚜껑 있는 냉동용 보관 용기나 지퍼 팩에 넣고 금속제 쟁반에 담아 냉동실에 넣는다. 설탕은 같은 양의 꿀이나 잼, 연유 등으로도 대신할 수 있다. 가당 타입의 요구르트는 그대로 냉동해도 괜찮다.

지퍼 팩을 이용해 얇게 펴서 냉동하면 먹을 만큼만 잘라서 꺼낼 수 있다.

Recipe /

프로즌 요구르트(2인분)

① 그릇에 생크림 100g, 설탕 2큰술을 넣고 거품기로 뾰족하게 각이 설 때까지 거품을 낸다. ② 플레인 요구르트 200g에 설탕 2큰술을 넣고 잘 섞어 ①과 합한다. ③ 냉동 가능한 속 깊은 쟁반에 옮겨 담고 랩을 단단히 씌워 냉동실에서 하룻밤 동안 얼린다. 뚜껑 있는 냉동용 용기에 옮겨 담고 냉동(약 1개월 보관 가능)한다. 스푼 등으로 꺼내어 담는다.

해동

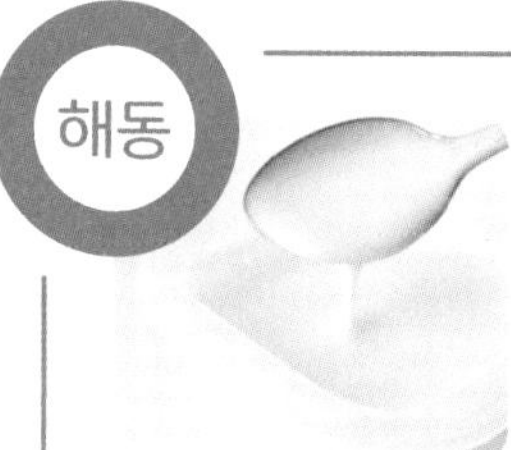

냉장실에서 자연 해동

반나절 정도 냉장실에서 자연 해동하여 그대로 먹는다. 조금 묽어지지만, 해동 후에도 분리되지 않고 매끄러운 상태 그대로다.

얼린 채로 깎아 셔벗으로

용기에서 스푼으로 긁거나 지퍼 팩에서 꺼내어 강판에서 갈면 사각사각한 셔벗 형태가 된다.

보관
1개월

치즈

냉동 & 해동 방법이 종류별로 다르다

개봉한 치즈는 사용 기간이 짧다 다 먹지 못하면 냉동한다

개봉한 치즈는 유통 기한과 관계없이 가능한 한 빨리 먹는 것이 기본이다. 하지만 냉동하면 한 달 정도 보관할 수 있다. 한번 냉동하고 해동한 치즈는 풍미와 입에서 느끼는 식감이 달라지므로 가열 조리해서 먹는다.

슬라이스 치즈

이대로 냉동실에 IN!

슬라이스 치즈는 냉장 보관하면 곰팡이가 생길 수 있으므로 주의한다. 그래서 냉동하면 장기 보관이 가능하고 건조도 막을 수 있다.

[냉동 방법]

개별 포장 그대로 냉동용 지퍼 팩에 넣고 공기를 뺀 후 냉동한다.

[해동 방법]

얼린 채로 빵에 올려 오븐 토스터에서 굽거나 햄버거에 얹어 프라이팬에서 가열한다. 또는 고기 사이에 넣고 튀김옷을 입혀 튀기면 치즈카츠 완성!

가루 치즈

이대로 냉동실에 IN!

가루 치즈는 장기 보관하기 쉽다고 생각할 수 있는데 개봉 후에는 서둘러 다 사용하는 것이 기본이다. 냉동 보관하면 곰팡이가 잘 생기지 않는다.

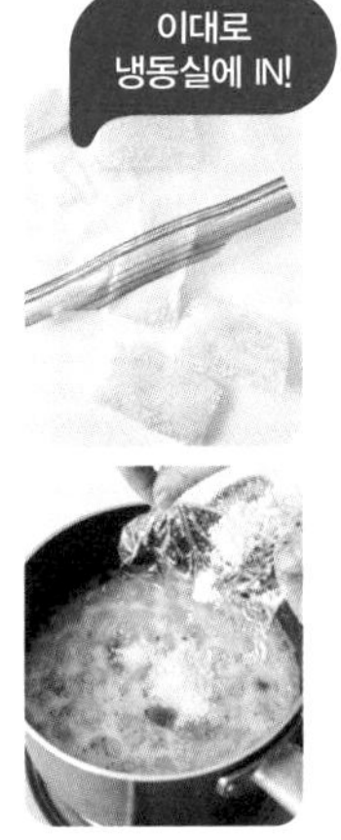

[냉동 방법]

한 번에 사용할 양만큼 소분해 랩으로 싸서 공기를 빼고 팩의 입구를 닫아 냉동한다.

[해동 방법]

언 채로 가열 조리해 사용한다. 치즈가 굳어 있을 때는 손으로 풀어준다. 파스타나 리소토, 스튜에 첨가하면 좋다.

피자용 치즈

피자용 치즈는 한 번에 다 사용하지 못할 때가 많아 냉장 보관하면 곰팡이가 생기곤 한다. 냉동하면 그럴 염려가 없고 조금씩 사용할 수 있어 편리하다.

이대로 냉동실에 IN!

[냉동 방법]

그대로 냉동용 지퍼 팩에 넣고 밀봉하여 냉동한다. 가능한 한 얇고 평평하게 치즈를 넣는 것이 포인트다. 냉동실에 넣고 1시간 정도 지나면 한 번 꺼내어 팩 채 가볍게 주무른다. 달라붙지 않고 하나하나 떨어지므로 사용하기 편하다.

[해동 방법]

언 채로 식빵이나 그라탱에 얹어 오븐 토스터 등에서 굽는다. 오믈렛이나 치즈 닭갈비에도 사용하면 좋다.

달걀흰자

이제 더이상 고민하지 않는다!
남은 달걀흰자의 쓰임새

달걀흰자만 남으면 랩으로 싸서 냉동한다

요리나 과자 만들고 나면 달걀의 노른자만 사용하므로 흰자만 남게 된다. 그럴 때는 냉동 보관을 추천한다. 남은 달걀흰자를 하나씩 랩으로 싸고 한데 모아 냉동용 지퍼 팩에 넣어 보관하면 언제든지 원하는 만큼 꺼내어 사용할 수 있어 편리하다.

달걀흰자 냉동 방법

1 깊이가 있는 작은 용기에 랩을 여유 있게 씌운다. 가운데를 오목하게 하고 거기에 달걀흰자 1개 분량을 얹는다.

2 랩의 가장자리를 살짝 들어 올려 가능한 한 공기가 들어가지 않게 랩을 비틀어 싼 후 고무줄로 묶는다.

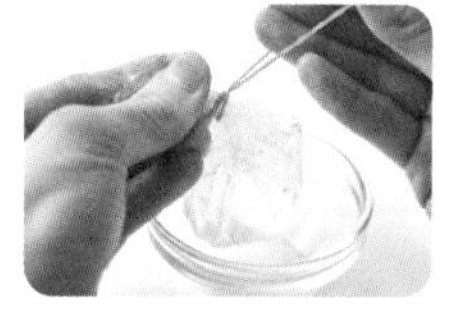

3 냉동용 저장 용기에 담고 뚜껑을 덮어 냉동한다.

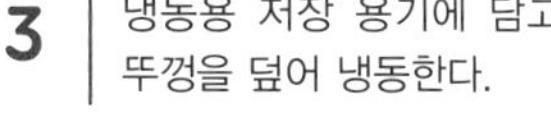

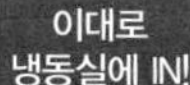

이대로 냉동실에 IN!

해동

냉장실에서 6시간 정도 해동한다. 또는 랩에서 꺼낸 달걀흰자를 내열 용기에 담고 넉넉하게 랩을 씌워 1개(약 25g) 기준 전자레인지 (200W)에서 1분 20초 정도 가열한다. 이렇게 절반 해동 상태로 만든 다음 냉장실에서 해동하면 시간을 단축할 수 있다. 전자레인지에서 너무 오래 가열하면 달걀흰자가 딱딱해지므로 주의한다. 요리나 과자를 만들 때 가열 조리하여 사용한다.

Idea
냉동 달걀흰자를 활용하는 방법

수프 마무리 단계에 달걀흰자를

냉동한 달걀흰자는 해동해 국에 넣어 달걀 국을 만들면 ◎. 국이나 수프를 끓이다가 달걀흰자를 넣고 익힌다. 직전에 달걀흰자를 젓가락으로 가볍게 저어주면 부드러운 식감으로 완성된다.

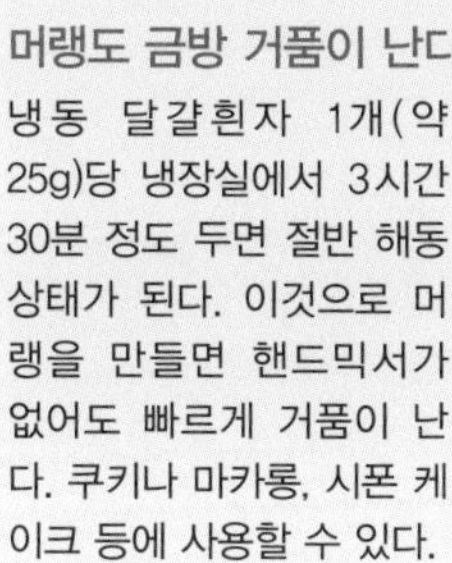

머랭도 금방 거품이 난다

냉동 달걀흰자 1개(약 25g)당 냉장실에서 3시간 30분 정도 두면 절반 해동 상태가 된다. 이것으로 머랭을 만들면 핸드믹서가 없어도 빠르게 거품이 난다. 쿠키나 마카롱, 시폰 케이크 등에 사용할 수 있다.

보관
1 개월

두부튀김

냉동하면 ○ 간이 잘 밴다!

냉동하기 전에 기름 제거를 잊지 말자

두부튀김을 냉동하면 보관 기간이 5일에서 1개월까지 연장되며 조리할 때 간이 잘 밴다는 장점이 있다. 냉동할 때는 그릇 위에 채반을 놓고 두부튀김을 얹은 다음 위에서 뜨거운 물을 고르게 뿌려 기름을 뺀다. 그러고 나서 물이 빠지면 물기를 잘 닦아내고 먹기 좋은 크기로 자른 후 3~4개를 한데 모아 랩으로 싸고 냉동용 지퍼 팩에 담아 냉동실에 보관한다.

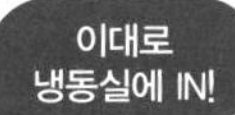

해동

반나절 이상 냉장실에 두었다가 키친타월로 물기를 가볍게 닦아낸다. 힘껏 짜는 것은 NG. 그런 다음 가열 조리에 사용한다. 이것이 얼리지 않았을 때의 식감을 유지하는 가장 좋은 방법이다.

〈바로 사용하고 싶을 때〉

① 얼린 상태로 조림 등에 넣는다. 익는 데 시간이 걸리기 때문에 평소보다 오래 가열한다. 냉동 전보다 간이 잘 배기 때문에 간은 조금 약하게 한다.
② 전자레인지(500W)에서 1토막당 40초(3토막은 90초) 가열하고 수분을 제거한 후 사용한다. 단, 전자레인지에 해동하면 두부튀김이 푸석푸석해질 수 있으므로 주의한다.

Recipe / 두부튀김 조림

냉동 두부튀김을 사용하기 때문에 간이 잘 밴다!

① 냄비에 냉동 두부튀김을 1개(해동하여 물기를 가볍게 뺀 것), 가지 1개(5토막 정도로 썬다), 설탕 2작은술, 간장 1큰술, 물 100㎖를 넣고 끓인다.
② 끓으면 뚜껑을 닫고 약한 불에서 약 7분 정도 끓인다.

비지

이대로
냉동실에 IN!

비지를 냉동 보관하여
건강한 요리를 간편하게

사용할 만큼만 소분해 랩에 싸서 냉동하자

비지는 저당질인 동시에 식이섬유가 풍부해 최근 인기가 급상승하고 있다. 다만 생비지는 장기 보관이 어렵고 개봉 후에는 쉽게 상한다. 이점을 해결하는 방법은 냉동 보관이다. 비지는 소분하여 랩으로 싸고 냉동용 지퍼 팩에 넣어 냉동실에 보관한다. 냉동한 비지는 얼린 채 조리할 수 있어 사용하기가 매우 편리하다.

해동

냉동 비지의 활용 3선

콩비지 채소볶음

냉동한 비지는 얼린 그대로 조림이나 볶음에 넣어도 OK. 다양한 채소를 볶다가 육수를 넣을 타이밍에 함께 넣는다. 뚜껑을 덮고 잠시 끓이면 해동과 동시에 조리가 끝난다. 냉동한 만큼, 가열 시간이 길어지기 때문에 수분은 넉넉한 편이 좋다.

햄버거에 넣어준다

건강에도 좋고 씹는 맛이 있는 비지 햄버거도 냉동 비지로 간편하게 만들 수 있다. 냉동한 비지는 냉장실에서 하룻밤 해동(100g에 약 8시간)하고 다진 고기와 함께 반죽하여 고기 패티를 만든다. 비지는 다른 재료와 섞여야 하므로 절반 해동 상태여도 OK.

비지 샐러드로

감자샐러드에서 감자 대신 비지를 사용하면 건강식이 된다. 비지는 사용할 만큼만 랩 그대로 전자레인지(600W)에서 100g에 1분 40초간 가열한다. 랩을 벗기고 내열 그릇에 담아 전체를 섞는다. 넉넉하게 랩을 씌워 전자레인지에서 좀 더 가열(10초씩 상태를 보면서)하고 만져서 뜨거워질 때까지 가열한다. 열이 식으면 마요네즈와 다른 재료를 넣어 섞는다. 무칠 때 우유를 조금 넣어주면 건조해 푸석해지는 것을 막을 수 있다.

원통형 어묵

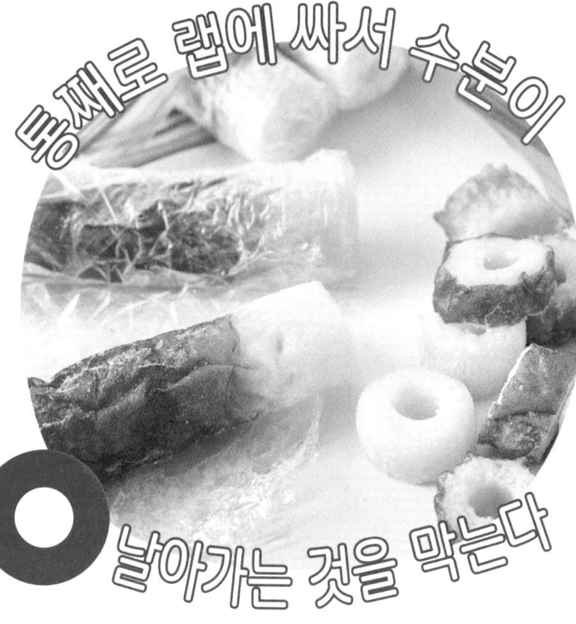

통째로 랩에 싸서 수분이 날아가는 것을 막는다

의외로 유통 기한이 짧으므로 맛이 변하기 전에 냉동을

이대로 냉동실에 IN!

어묵은 개봉하지 않아도 시간이 지나면 수분이 날아가 맛이 떨어진다. 따라서 바로 사용하지 않을 때는 신속하게 냉동한다. 건조를 막는 가장 좋은 방법은 통째로 보관하는 것이다. 키친타월 등으로 표면의 수분을 가볍게 닦아내고 1개씩 랩으로 싼다. 단, 여러 개를 한 번에 사용한다면 2~3개씩 랩으로 싸도 OK. 랩에 싼 어묵을 모아 냉동용 지퍼 팩에 담고 냉동실에 보관한다.

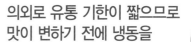

해동

얼린 채로 원하는 크기로 썰 수 있다. 반드시 가열 조리에 사용한다.

썰어서 냉동하면 간편하게 사용할 수 있다

소량씩 사용하기 쉽다

사용하기 편한 크기로 잘라 냉동하면 소량을 따로 꺼낼 수 있어 편리하다. 조리할 때 두께 1.5cm 정도가 간이 잘 밴다. 키친타월로 물기를 닦고 냉동용 지퍼 팩에 넣는다. 공기를 빼고 입구를 닫고 냉동실에 보관한다.

이대로 냉동실에 IN!

해동

사용할 만큼 꺼내어 냉동 상태 그대로 가열 조리한다. 볶음요리에 사용하기 편리하다. 해동 후에는 그대로 사용하지 않고 반드시 가열 조리한다.

Recipe / 도시락 반찬에!

파래 튀김

① 냉동 어묵 1개를 세로로 반을 자른다. 튀김가루 50g, 냉수 80㎖(튀김가루에 넣는 물은 포장 팩에 기재된 양을 따른다), 파래 1/3작은술을 섞어 둔다(**A**). ② 프라이팬에 1.5㎝ 정도 높이까지 샐러드유를 붓고 **A**를 묻힌 어묵을 넣어 튀겨 낸다.

어묵과 피망 탕수육

① 피망 1개는 마구 썰기를 하고 냉동 어묵 2개(약 70g)는 1~2㎝ 두께로 통썰기를 한다(통썰기를 하여 냉동한 경우는 필요 없다).
② 토마토케첩 1큰술, 식초 1/2큰술, 술 1작은술, 설탕 1작은술, 물 1큰술, 치킨 파우더 조금, 소금 후추 각각 조금을 섞어 둔다(**A**). ③ 프라이팬에 참기름 1작은술을 둘러 달구고 얼린 어묵을 넣고 볶는다. 피망을 넣고 볶다가 **A**를 넣는다. 끓어오르면 물에 푼 녹말(물 1작은술과 녹말가루 1/3작은술을 섞는다)을 넣고 걸쭉하게 만든다.

튀김어묵

반드시 기름을 빼고 냉동한다
해동 후에 간이 잘 밴다

랩으로 밀봉해 건조를 막는다

한 번 개봉한 어묵은 시간이 지나면 수분이 날아가 맛이 떨어지기 쉽다. 바로 조리에 사용하지 않을 때는 신속하게 냉동한다. 냉동할 때는 어묵의 앞뒤로 뜨거운 물을 가볍게 뿌려 기름을 뺀다. 이렇게 하면 해동 후에 간이 쉽게 배어 어묵 요리나 조림 등의 맛있는 요리를 만들 수 있다. 기름을 뺀 후 물기를 잘 닦고 한 장씩 공기가 들어가지 않게 랩으로 싸서 냉동용 지퍼 팩에 담아 냉동실에 넣는다.

이대로 냉동실에 IN!

오븐 토스터로 굽는다

냉동 어묵은 갓 튀긴 것 같은 식감과 풍미를 되살릴 수 있다. 쿠킹 포일을 깐 트레이에 얼린 튀김어묵을 놓고 오븐 토스터(1,000W)에서 1장당 7분간 가열하면 고소한 풍미를 즐길 수 있다.

어묵탕이나 조림에 넣는다

냉동한 튀김어묵은 냉동 효과로 세포벽이 파괴되어 간이 쉽게 배므로 어묵 요리나 조림에 아주 잘 어울린다! 간을 한 육수가 끓으면 얼린 튀김어묵을 넣고 따뜻해질 때까지 끓이기만 하면 된다. 그러면 맛있는 어묵탕 OK.

냉동한 튀김어묵은 언 채로도 썰 수 있으므로 적당한 크기로 썰어 삶거나 굽고 볶는 등 가열 조리한다.

찐 어묵

미개봉 상태라면 포장 그대로! 가능한 한 빨리 냉동을

보관 기간이 짧은 어묵이지만 냉동하면 3～4주 정도 오래 보관할 수 있다. 얼린 그대로 조리하면 냉동 전과 다름없는 맛을 유지할 수 있다. 개봉하지 않았다면 포장 그대로 냉동용 지퍼 팩에 넣어 냉동할 수 있다. 개봉한 후의 어묵은 공기가 들어가지 않도록 랩으로 잘 싸서 건조를 예방한다. 냉동용 지퍼 팩에 넣어 공기를 빼고 입구를 닫아 냉동실에 보관한다.

이대로 냉동실에 IN!

해동

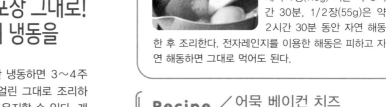

얼린 그대로 원하는 크기로 썰어 가열 조리한다. 그리고 햄버거에 사용하려면 냉장실에서 1장(110g) 기준 약 3시간 30분, 1/2장(55g)은 약 2시간 30분 동안 자연 해동한 후 조리한다. 전자레인지를 이용한 해동은 피하고 자연 해동하면 그대로 먹어도 된다.

Recipe / 어묵 베이컨 치즈 (12개 분량)

① 납작한 찐 어묵 3장을 사각으로 4등분하고 나서 두께를 반으로 자른다. ② 슬라이스 치즈(녹는 타입) 3장을 4등분하고 ①사이에 끼운다. 베이컨 12장으로 각각을 말고 하나씩 랩으로 싼 후 냉동용 지퍼 팩에 담아 냉동한다. 3주 정도 보관할 수 있다.

【조리 방법】 팬에 샐러드유를 적당량 두르고 약한 불에서 달궈 얼린 ②를 넣고 뚜껑을 덮어 4분, 뒤집어서 3분 더 굽는다. 기호에 따라 마요네즈 적당량을 넣고 파래 적당량을 뿌려준다.

판 어묵

수분을 유지하여 퍽퍽한 식감이 나지 않게 한다

판 어묵은 냉동과 해동 과정에서 수분이 빠져나가기 쉬워 먹었을 때 퍽퍽한 식감 때문에 맛이 떨어졌다고 느낄 수 있는 재료다. 보관과 조리를 할 때는 수분을 잃지 않도록 신경 쓰는 것이 중요하다. 다음의 세 가지 사항을 주의하자. **1** 랩에 싸서 냉동한다 **2** 급속으로 냉동한다 **3** 얼린 그대로 수분과 함께 가열 조리한다. 자세한 내용은 우측을 참조한다.

해동

판 어묵을 자연 해동하면 수분이 빠져나와 맛과 식감을 잃기 쉽다. 그대로 먹기보다는 얼린 채로 조림이나 우동에 넣어 끓이거나 얼린 채 수분이 많은 채소(양배추나 숙주 등)와 볶아 수분을 보완하는 방법으로 조리하면 된다.

수분이 날아가 퍽퍽해지지 않는 냉동 방법

1 어묵을 도마 위에 놓고 수평으로 칼을 넣어 1㎝ 두께로 자른다. 두께나 자르는 방법은 기호에 따라 OK.

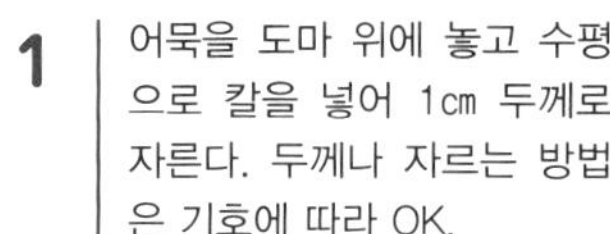

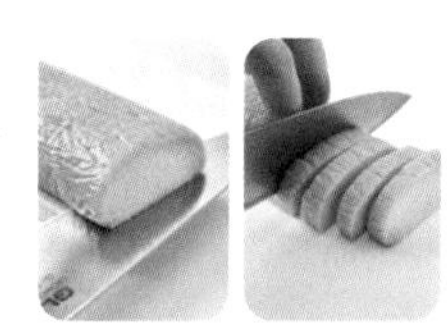

2 한 번에 사용할 양을 소분하여 랩으로 싼다. 여러 장을 한 번에 냉동할 때는 어묵을 눕혀 평평하게 싸면 냉동하는 데 걸리는 시간을 줄일 수 있다.

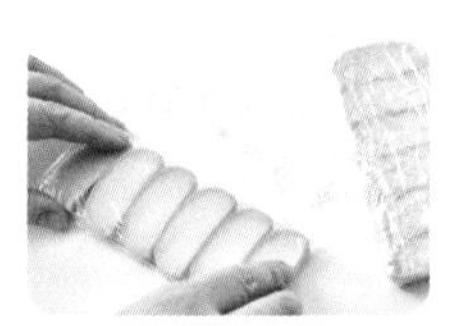

3 냉동용 지퍼 팩에 넣어 공기를 빼고 입구를 닫는다. 금속제 쟁반 위에 올려놓고 냉동실에서 급속 냉동한다.

이대로 냉동실에 IN!

곤약

냉동→해동하면 고기와 같은 독특한 식감을 즐길 수 있다

곤약은 냉동한 뒤 해동하면 식감이 고기처럼 바뀌기 때문에 이점을 살린 요리를 추천한다. 곤약은 5㎜ 두께로 얇게 썰거나 2㎝ 정도로 네모나게 잘라 냉동용 지퍼팩에 평평하게 펼쳐 담고 가능한 한 밀봉하여 냉동실에 보관한다.

이대로 냉동실에 IN!

해동

그릇에 물을 담고 냉동 곤약을 지퍼 팩 채로 넣어 1시간 정도 상온에 둔다. 전자레인지로 해동하면 고르게 열이 전달되지 않을 수 있으므로 상온에서 해동한다. 바로 사용하고 싶을 때는 냉동 곤약을 뜨거운 물에 10~15분간 담그거나 냄비에서 3~5분간 데친다. 크기에 따라 해동 시간이 다르므로 '속이 해동될 때까지'를 기준으로 한다.

해동한 후 요리에 사용할 때는 손으로 꽉 짜서 수분을 완전히 제거한다. 잘게 뜯은 곤약은 튀김으로, 얇게 썬 곤약은 생강즙을 넣어 구이를 하면 좋다.

실곤약

데쳐서 냉동하면 해동 후에 꼬들꼬들한 식감을

보관 1개월

모두 사용할 수 없을 때는 냉동도 하나의 방법이다. 데쳐서 특유의 아린맛과 잡내를 제거하는 것이 ◎. 너무 길면 사용하기 불편하므로 미리 썰어둔다. 냄비에 넉넉하게 물을 부어 끓인 뒤에 실곤약을 3분 정도 데쳐서 채반에 올려 물기를 뺀다. 냉동용 지퍼 팩에 넣어 실곤약 100g (1/2 봉지)에 물을 150㎖를 붓고 입구를 닫아 냉동실에 보관한다.

이대로 냉동실에 IN!

해동

용기의 뚜껑을 열고 전자레인지(600W)에서 약 5분 가열(실곤약 100g과 물 150㎖를 넣은 냉동용 보관 용기 1개를 기준으로 한 시간)하여 해동한다.

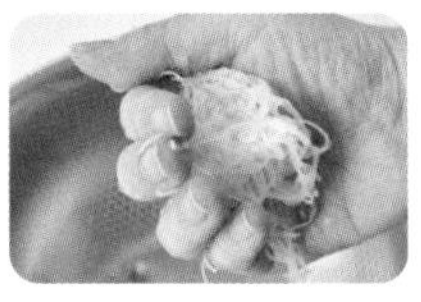

완전히 식힌 다음 물기를 꼭 짜서 조리한다. 해동 후 특유의 꼬들꼬들한 식감을 살려 무치거나 수프에 당면 대신 넣거나 채소와 볶아 잡채를 만들어도 좋다. 볶음요리의 경우에는 다른 재료가 익고 나서 곤약을 넣는다. 냉동 상태 그대로 조리하는 것은 NG.

Column 3 어느샌가 한가득! 냉동실 수납, 이것이 정답

아이스바는 상자에 세운다

상자에 든 아이스바는 상자의 윗부분을 가위로 잘라내면 한 번에 쉽게 꺼낼 수 있다. 종류를 한눈에 알 수 있을 뿐 아니라 수납 아이템도 필요 없다!

보냉 팩은 개수를 정한다

신경 쓰지 않는 사이에 늘어난 보냉 팩은 실제로 필요한 개수를 점검해 일정하게 관리한다. 그리고 냉동용 지퍼 팩을 이용해 '들어갈 수 있는 수량'을 조절하면 마구 늘어나는 것을 막을 수 있다. 자주 사용할 때는 사진처럼 지퍼 팩 윗부분을 접어서 넣고 빼기 편한 형태로 만들면 된다.

사용한 냉동식품은 둥글게 만다

개봉한 냉동식품은 양이 줄면 세워서 수납하기가 어렵다. 이 경우에는 팩을 둥글게 말아서 고무줄로 고정한다. 이렇게 하면 공간도 절약되고 세워서 수납할 수도 있으므로 OK.

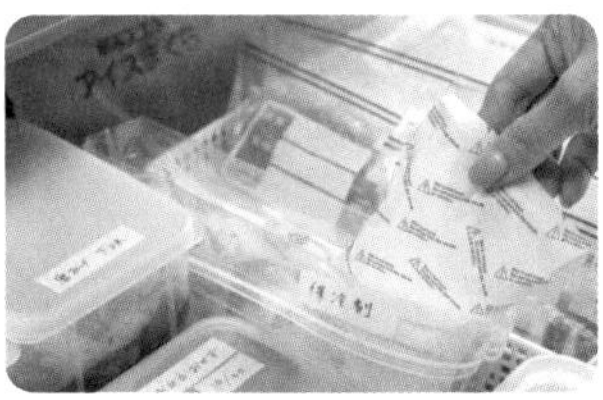

바로 사용할 수 있는 수납의 작은 요령

마스킹테이프로 라벨을 붙인다

지퍼 팩의 잘 보이는 위치에 마스킹 테이프로 '식재료명' '냉동한 날짜'를 적어두면 관리하기 편하다. 남은 반찬이나 양념을 냉동용 보관 용기에 넣어 냉동할 때는 뚜껑에 마스킹테이프를 붙여 적어둔다. 서랍을 열었을 때 잘 보이는 위치에 붙인다.

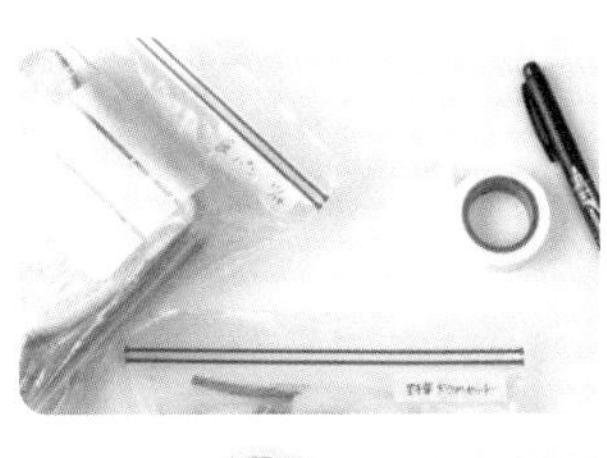

북엔드를 이용해 세워서 수납한다

하단에서 식재료를 세워 수납할 때 북엔드를 이용하면 편리하다. 바스켓과 비교했을 때 식재료의 양이나 모양에 맞게 이동하기 쉽다는 장점이 있다. 금속 제품을 선택하면 북엔드 자체가 보냉제 역할을 해 냉각 효과도 기대할 수 있다.

냉동실의 '리셋 데이'를 정한다

냉동실의 내용물을 정확히 파악하는 것이 중요하다. 장 보러 가기 전에 냉동실 안을 체크하고 식재료를 낭비하지 않도록 한다. 예컨대, 월급날 전날을 냉동실에 있는 것을 우선으로 사용하는 '리셋 데이'로 하는 등 냉동실을 관리하는 날을 정해 놓으면 버리는 재료 없이 알차게 사용할 수 있다.

5장

주식류의 냉동 보관

보관
2~3 주간

주먹밥

갓 지은 밥을
명란젓
매실
6/18
주먹밥으로 만들어 두면

냉동에 적합한 재료를 고르는 것이 중요하다

주먹밥은 넉넉하게 만들어 냉동 보관하면 출출할 때나 도시락에 활용하기 좋다. 단, 주의해야 할 점이 있다. 먼저 냉동에 적합한 재료를 선택하는 것이다. 재료에 따라 냉동에 적합한 것과 적합하지 않은 것이 있으므로 사전에 충분히 확인해 둔다. 덧붙여 밥이 푸석푸석해지지 않는 방법을 확실히 지켜서 맛을 유지한다.

Idea

주먹밥의 재료를 써 둔다

냉동용 지퍼 팩에 재료를 적은 스티커를 붙여 두면 쉽게 구분할 수 있어 편리하다. 날짜도 같이 적어두는 것을 잊지 말자.

Recipe / 구운 주먹밥은 냉동용!

구운 주먹밥은 넉넉하게 만들어 냉동해 두면 그때마다 구울 필요가 없어 매우 편하다. 그리고 전자레인지로 가열만 하면 언제든지 간편하게 구운 주먹밥을 즐길 수 있다.

1 그릇에 따뜻한 밥 400g, 볶은 깨(흰색) 1큰술, 간장 1큰술, 미림 1작은술, 과립 육수 1작은술을 넣고 주걱으로 잘 섞는다. 고르게 섞이면 4등분하여 주먹밥을 만든다. 잡균이 묻지 않도록 랩이나 조리용 장갑을 사용한다.

프라이팬에 주먹밥을 얹고 강한 중간 불에서 가열한다. 그러고 나서 3분간 구운 뒤 뒤집어서 3분 더 굽는다. 양면이 노릇노릇해지면 꺼내어 열을 식힌다.

2 식힌 주먹밥을 1개씩 랩으로 싸고 냉동용 지퍼 팩에 담아 냉동한다. 표면을 구웠기 때문에 바로 랩으로 싸지 않아도 푸석푸석해지지 않는다.

먹을 때는 랩을 씌운 채로 전자레인지(500W)에서 1개(100g)를 기준으로 2분간 가열한다.

냉동 주먹밥을 만드는 법

1 주먹밥을 만든다

랩을 펼쳐놓고 소금을 뿌린 다음 따뜻한 밥을 얹고 좋아하는 재료를 올린다. 랩으로 싸서 주먹밥의 모양을 잡는다. 잡균이 묻지 않도록 랩이나 조리용 장갑을 사용한다.

2 따뜻할 때 싼다

주먹밥이 따뜻할 때에 1개씩 랩으로 싸면 밥이 푸석해지는 것을 막을 수 있다. 김은 주먹밥의 수분을 흡수해 흐물흐물해지므로 말지 않는다.

3 냉동용 지퍼 팩에

주먹밥이 식으면 냉동용 지퍼 팩에 담고 공기를 뺀 뒤 입구를 닫아 냉동한다.

이대로 냉동실에 IN!

해동

냉동한 주먹밥은 랩을 씌운 채 1개(100g) 기준 전자레인지(500W)에서 2분간 가열한다. 기호에 따라 김을 말아서 먹는다.

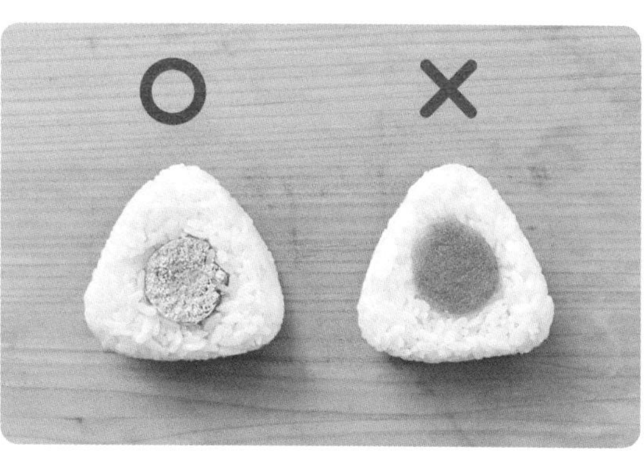

냉동에 적합한 재료는?

냉동에 적합하지 않은 재료

수분이 많은 재료나 날 것(연어알, 명란젓, 시소 등)은 상하기 쉬우므로 냉동에는 적합하지 않다. 참치마요 등 마요네즈를 사용하는 재료도 해동할 때 전자레인지에서 가열하면 마요네즈가 분리되기 때문에 피한다.

냉동에 적합한 재료

매실장아찌, 다시마, 연어, 명란젓, 가다랑어포 등 주먹밥의 단골 재료는 냉동에 적합하다. 뱅어포나 볶음 깨 등을 넣은 밥도 냉동할 수 있다. 영양밥의 경우, 큰 곤약이나 죽순은 식감이 변하기 쉬우므로 빼는 것이 좋다.

냉동 주먹밥은 도시락에 쓸 수 있을까?

냉동 주먹밥은 도시락에도 넣을 수 있다. 단, 자연 해동한 주먹밥은 맛이 없으므로 반드시 전자레인지에서 해동한 후 가져간다. 만약 현지에 전자레인지가 있을 때는 주먹밥을 얼린 채(여름철에는 보냉백에 넣어) 가져가서 먹기 직전에 데워 먹으면 된다.

찹쌀떡

보관
1 개월

좋아하는 식감별로
해동 요령을 익힌다

다 먹지 못한다면 냉동 보관하자

구입 후 떡이 많이 남으면 냉동 보관하는 편이 편리하다! 낱개로 포장되지 않은 떡이나 수제 떡은 한 토막씩 랩에 싸서 냉동용 지퍼 팩에 담고 냉동실에 보관. 갓 만든 떡은 차게 식혀 먹기 좋은 크기로 썰고 랩에 싸서 냉동용 지퍼 팩에 담는다. 개별 포장된 떡은 유통 기한이 길어서 기본적으로는 냉동할 필요가 없다. 기한 내에 다 먹지 못한 떡은 냉동하면 1개월간 더 보관할 수 있다.

전자레인지에서 해동하면 쫄깃하고 진한 식감을

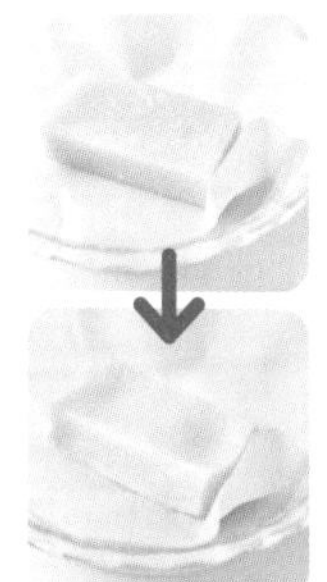

랩을 벗겨 전자레인지에서

내열 용기에 시트지를 깔고 냉동 떡을 얹는다. 랩을 벗겨 1개당 전자레인지(500W)에서 45~50초간 가열한다. 전자레인지로 해동하면 속까지 쫀득쫀득하게 부드러워진다. 팥소나 콩가루와도 잘 어울린다.

물을 첨가해 식감을 부드럽게

내열 용기에 냉동 떡 1개를 넣고 물 1큰술을 첨가해 랩을 씌우지 않고 전자레인지(500W)에서 30초 가열한다. 떡을 뒤집어서 30~40초간 더 가열한 후 꺼내고 스푼으로 떡을 누르면 떡이 수분을 흡수해 막 쪄낸 것처럼 부드러워진다. 무즙을 곁들여 먹어도 좋다.

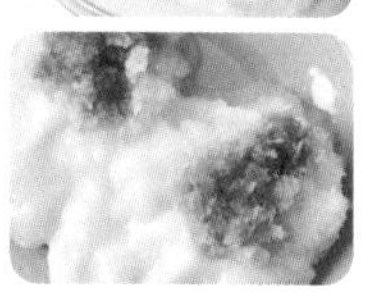

오븐 토스터로 바삭하고 고소하게!

쿠킹 포일을 깐다

오븐 토스터 망 위에 프라이팬용 쿠킹 포일(쿠킹 포일에 얇게 샐러드유를 발라 대신할 수 있다)을 깔고 냉동 떡을 얹어 10분간 가열한다. 그러고 나서 떡이 부풀어 오르면 2~3분간 더 굽고 기호에 맞게 노릇노릇하게 색을 낸다.

김말이를 추천

구워서 부푼 떡에 간장을 바르면 다시 가라앉으며 간장이 잘 스며든다. 구운 김을 말아 뜨거울 때 먹는다.

프라이팬에서 구워 겉은 바삭 속은 촉촉!

양면을 모두 굽는다

프라이팬에 냉동 떡을 놓고 중간 불에서 5분간 가열한 뒤 뒤집어서 5분 더 가열한다. 떡이 부풀면 2~3분간 더 구워 기호에 맞게 노릇하게 만든다. 스테인리스 프라이팬에는 얇게 샐러드유를 발라준다.

단짠단짠의 달콤함이 제격

프라이팬에 구우면 겉은 바삭하고 속은 촉촉한 식감으로! 갓 구운 떡에 설탕과 간장을 바른다. 그러므로 짭짤한 맛 뒤에 달콤함이 따라온다.

냄비에서 가열하면 말랑말랑 부드럽게

차가운 국물에 넣는다

냄비에서 끓일 때의 중요한 점은 국물이 차가울 때 얼린 떡을 그대로 넣는 것이다. 중간 불에서 10분 정도 끓이면 말랑하고 부드러운 식감을 즐길 수 있다.

역시 떡국에 ◎

떡국은 물(육수), 닭고기, 냉동 떡 등을 넣고 중간 불에서 가열한다. 닭고기가 익고 떡이 부드러워지면 소금과 간장으로 간을 한다. 어묵과 파드득나물 등을 곁들여 완성한다.

과자 · 빵

종류에 맞는 냉동 & 해동법을 선택하는 것이 맛을 좌우한다

생과일과 생크림을 사용한 빵은 적합하지 않다

냉장 보관하면 수분이 빠져나가 건조하고 딱딱해지는 빵도 냉동 보관하면 약 2주간이나 맛을 유지할 수 있다. 대부분의 빵은 냉동할 수 있지만 냉동하면 식감이 나빠지는 감자류, 삶은 달걀, 생과일 그리고 해동할 때 가열하면 녹아 버리는 생크림 빵은 냉동 NG. 단, 삶아서 으깬 감자류, 삶은 달걀의 노른자만 사용한 빵은 냉동해도 맛있게 먹을 수 있다.

냉동 중에 일어나는 산화를 예방해 맛을 유지

빵을 냉동할 때는 밀봉하여 산화를 막는 것이 핵심

낱개로 포장된 빵

마트나 편의점에서 구입한 봉지 빵은 이미 밀봉되어 있으므로 개봉하지 않고 봉지째 냉동용 지퍼 팩에 넣어 냉동한다.

개별 포장하지 않은 빵

빵집에서 구입하는 포장이 안 된 빵은 가능한 한 공기에 노출되지 않도록 하나씩 랩으로 싼다. 그런 다음 냉동용 지퍼 팩에 담아 냉동한다. 갓 구운 빵은 완전히 식힌 후 랩으로 싼다.

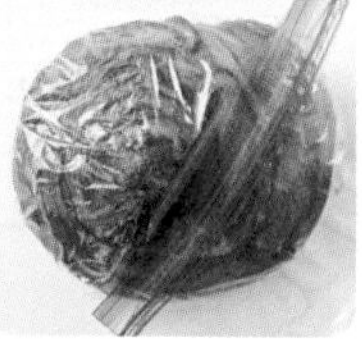

해동

재료에 알맞은 해동 방법을 선택한다

냉동한 빵을 자연 해동해도 먹을 수는 있지만, 오븐 토스터로 한 번 더 구우면 맛이 훨씬 좋아진다. 재료에 맞춰 2가지 해동 방법을 소개한다.

빵의 크기와 오븐 토스터의 기종, 와트 수에 따라 굽는 정도가 다르므로 상태를 보면서 데운다.

재료가 들어간 빵 (크림빵이나 카레빵, 잼 빵 등)

재료가 수분을 많이 함유하고 있어서 오븐 토스터만으로는 해동할 수 없다. 먼저 전자레인지로 절반 해동한 다음 다시 굽는다.

1 먼저 전자레인지로 반 해동한다

얼린 빵을 봉지에서 꺼내 랩을 벗긴다. 내열 용기에 담아 넉넉하게 랩을 씌운다. 턴테이블 가장자리에 놓고 전자레인지(500W)에서 가열하여 절반 해동한다. 가열 시간은 빵의 종류에 따라 다르므로 우측 하단 표를 참조한다. 전자레인지에서 데운 빵은 식으면 딱딱해지기 쉬우므로 먹기 직전에 가열한다.

2 가열한 후 여열로 데운다

쿠킹 포일로 빵 전체를 싸고 오븐 토스터(200℃)로 굽는다. 가열 시간은 표를 참조한다. 오븐 토스터의 타이머가 울려도 바로 문을 열지 말고 그대로 2분 정도를 두어 여열로 데운다. 열이 중심에 도달할 때까지 계속 가열하면 표면이 타버리므로 여열을 활용한다.

속 재료가 들어가지 않는 빵 (멜론 빵이나 데니시 등)

안에 재료가 들어가지 않는 빵은 얼린 채로 오븐 토스터에서 구울 수 있다.

1 200℃에서 굽는다

얼린 빵을 팩에서 꺼내 랩도 벗긴다. 쿠킹 포일로 빵 전체를 싸고 오븐 토스터(200℃)에서 굽는다. 가열 시간은 종류에 따라 다르므로 표를 참고한다.

2 여열로 2분간 데운다

오븐 토스터의 타이머가 울려도 문을 바로 열지 말고 그대로 두어 여열을 이용해 2분 정도 데운다.

빵의 종류별 해동 시간

빵의 종류	전자레인지 (500W) 해동 시간	오븐 토스터 (200℃) 해동 시간
크림빵	20초 정도	5~6분 +여열 2분 정도
단팥빵		
카레빵		
멜론빵	사용하지 않는다	
데니시		8~10분 +여열 2분 정도
피자빵 · 피자 토스트		10~12분 +여열 2분 정도

우동

얼린 상태로 재빨리 삶아 식감을 유지한다

밀봉하여 냉동 화상을 예방한다

냉동한 우동의 보관 기간은 삶든 삶지 않든 모두 약 1개월 정도다. 냉동 화상의 원인인 건조나 산화를 예방하기 위해 냉동용 지퍼 팩에 넣어 공기를 완전히 뺀 다음 보관한다. 자연 해동하거나 흐르는 물에 해동하는 것은 NG. 우동의 주요 성분인 전분이 굳은 상태이므로 퍽퍽한 식감의 원인이 된다. 얼린 그대로 빠르게 데치는 것이 식감을 유지하는 포인트다!

구입한 삶은 우동은 봉지 그대로 보관해도 OK

시중에 판매되는 삶은 우동은 개봉하지 않았다면 봉지 그대로 냉동할 수 있다. 냉동해도 식감은 크게 변하지 않기 때문에 바로 먹지 않을 때는 냉동 보관하기를 추천한다.

개별 포장되었다면 그대로

개별 포장된 삶은 우동을 봉지 그대로 냉동용 지퍼 팩에 넣는다. 공기를 빼고 입구를 닫아 냉동실에 보관한다.

>>

전자레인지에서 해동도 가능

냄비에 물을 넉넉하게 붓고 중간 불에서 끓이다가 얼린 삶은 우동을 넣고 면이 풀릴 때까지 삶는다. 혹은 얼린 우동을 팩에서 꺼내 내열 용기에 담고 넉넉하게 랩을 씌워 1회분(약 180g) 기준으로 전자레인지(500W)에서 3분~3분 30초 동안 뜨거워질 때까지 가열한다.

건면을 삶아 남으면 소분하여 보관하는 편이 간편

건면 우동을 삶아 남았을 경우에 냉동 보관이 가능하다. 그리고 소분하여 랩으로 싸서 냉동해 두면 원하는 만큼만 해동할 수 있어 편리하다.

1 우동을 1회분(약 170g)씩 소분하여 평평하게 펴서 랩으로 싼다.

2 냉동용 지퍼 팩에 넣어 공기를 빼고 팩의 입구를 닫아 냉동한다.

이대로 냉동실에 IN!

냉동 그대로 바로 삶는다

냄비에 물을 넉넉히 넣고 끓이다가 얼린 우동을 넣고 1회분(약 170g)에 약 1분 15초간 삶는다. 혹은 얼린 우동의 랩을 벗기고 내열 용기에 담아 느슨하게 랩을 씌워 1회분(약 170g) 기준 전자레인지(500W)에서 약 3분간 뜨거워질 때까지 가열한다.

생우동은 흰 가루를 털어주는 것이 포인트

수타면 등 생우동은 개봉하면 쉽게 마르고 생각보다 보관 기간이 짧은 경우가 많다. 개봉한 후에 한 번에 다 먹지 못한다면 서둘러 냉동한다.

1 냄새가 배는 것을 막기 위해 우동에 묻어 있는 가루(강력분)를 가볍게 털어준다.

2 우동을 1회분씩 소분하여 평평하게 만들어 랩으로 싼다.

3 냉동용 지퍼 팩에 넣고 공기를 뺀 다음 팩의 입구를 닫아 냉동한다. 제품에 따라 삶는 시간이 다르므로 냉동용 지퍼 팩에 삶는 시간을 써 두면 안심할 수 있다.

이대로 냉동실에 IN!

해동

기준시간 + 1분 더 삶는다

냄비에 물을 넉넉히 붓고 중간 불에서 끓이다가 얼린 우동을 넣고 포장에 표기된 시간보다 1분을 더 삶는다.

보관
1 개월

소면

냉동 소면은 끓는 물에서
풀어주기만 해도 맛있다!

남으면 냉동이 정답

소면을 냉동할 때는 단시간에 삶아내 물기를 제거하고 냉동한다. 1회 사용할 양만큼만 냉동용 지퍼 팩에 넣어 공기를 빼고 입구를 닫은 다음 냉동실에 보관한다. 넉넉하게 삶아 남은 소면도 마찬가지로 1회분씩 소분해 냉동한다.

이대로
냉동실에 IN!

Recipe

냉동 소면의 응용

소면 찬푸루

① 냉동 소면은 1인분(약 260g)을 기준으로 전자레인지(500W)에서 1분 30초 가열하여 절반 해동 상태로 만든다.
② 프라이팬에서 재료를 볶다가 ①을 넣고 전체를 볶아 간을 하면 완성.

잔치국수

① 냄비의 국물이 끓어오르면 재료를 넣고 끓인다.
② 재료가 익으면 냉동 소면을 그대로 넣고 젓가락으로 풀어준 뒤 다시 끓어오르면 완성.

표기된 시간보다 20~30초 짧게 데친다

평소보다 조금 덜 익었을 때 건져 올린다. 삶은 소면은 채반에 담아 흐르는 물에서 씻고 완전히 차게 식힌다. 충분히 식으면 채반을 흔들어 물기를 잘 뺀다. 그러나 수분이 많으면 싱거워지므로 손으로 부드럽게 눌러 남은 수분을 최대한 빼준다.

해동

자연 해동과 전자레인지는 적합하지 않다

뜨거운 물을 담은 그릇에 냉동 소면을 넣고 젓가락으로 풀어준다. 면이 풀리면 바로 뜨거운 물을 버리고 찬물로 씻는다. 면이 식으면 물기를 뺀다. 취향에 맞게 양념을 곁들여 먹는다.

보관
1 개월

만두피

만들고 남은 만두피는
냉동한다

마르지 않게 소분하여 냉동한다

어중간하게 남는 만두피는 냉장실에 보관하면 수분이 날아가 부서지거나 서로 달라붙어 잘 떨어지지 않는 등 꽤 성가시다. 그래서 냉동 보관을 추천한다. 소분하여 보관하면 다음에 사용할 때 편리하다!

해동 냉장실에서 10~15분 해동

냉장실에 10~15분 정도 두고 해동한다. 만약에 서로 붙어 있으면 무리해서 떼어내려고 하지 말고 두 손 사이에 끼워 따뜻하게 한 뒤 살짝 벗겨내면 된다. 해동 후 시간이 지나면 수분이 날아가므로 바로 사용하자.

만두피의 냉동 방법

1 여러 장씩 싼다

여러 장을 한데 모아(사진 5장) 랩에 싼다. 조금씩 소분하여 싸면 혹시 달라붙어도 잘 떨어진다.

2 냉동용 지퍼 팩에 담는다

랩에 싼 만두피를 냉동용 지퍼 팩에 모아 넣는다. 이때 공기를 완전히 빼고 입구를 닫아 가능한 한 공기에 노출되지 않게 하는 것이 요령이다. 금속제 쟁반에 얹어 냉동한다.

이대로
냉동실에 IN!

Recipe / 해동이 필요 없는 완탕수프

① 냄비에 물 400㎖, 과립 치킨 육수 1/2작은술, 술 1큰술을 끓여 만두피 5장을 얼린 그대로 1장씩 넣은 다음 자차이 10g(김치, 다시마, 자른 미역 등도 가능)을 더해 한소끔 끓인다.
② 소금, 후추를 조금씩 넣어 간을 맞추고 물에 녹인 녹말(물 1큰술과 녹말가루 1/2큰술을 섞는다)을 넣어 걸쭉하게 만든 다음 달걀 1개를 풀어 넣는다. 그릇에 담고 파를 잘게 썰어 조금 뿌려준다.

술지게미

보관
1년

냉동하면 보관 기간이
무려 1년!

식혜나 지게미국에

미개봉 상태라면 그대로 냉동용 지퍼 팩에 IN

식혜나 지게미국 등 다양하게 사용할 수 있는 술지게미는 냉동하면 1년이나 보관이 가능하다! 냉동용 지퍼 팩에 넣어 가능한 한 공기를 빼고 냉동실에 보관한다. 또, 냉장실에서도 6개월간 보관할 수 있다. 개봉하지 않았다면 그대로를 개봉했다면 지퍼 팩에 넣어 냉장실에 보관한다. 또 냉장 보관하면 술지게미는 서서히 발효가 진행되므로 가끔 상태를 보고 지퍼 팩이 부풀면 개봉하여 공기를 뺀다.

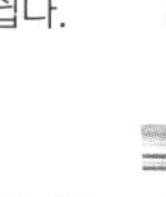

이대로
냉동실에 IN!

술지게미 냉동 방법

사각 형태의 술지게미 | 1장씩 랩으로 싸서 냉동용 지퍼 팩에 담아 냉동한다. 술지게미는 냉동해도 부드러워서 손으로 뜯기 쉽다.

소보로 모양의 술지게미 | 냉동용 지퍼 팩에 넣어 얇게 펴고 가능한 한 공기를 빼고 입구를 닫아 냉동한다. 쓸 만큼만 간단하게 풀 수 있다.

이대로
냉동실에 IN!

반죽 형태의 술지게미(반죽 지게미) | 냉동용 지퍼 팩에 넣고 얇게 펴서 냉동한다. 사용할 때는 필요한 만큼 깨끗한 스푼으로 떼어낸다.

이대로
냉동실에 IN!

Recipe / 냉동 술지게미로 만드는 간단 감주 레시피

① 내열 머그잔에 냉동 술지게미 40g, 설탕 1+1/2큰술, 소금 소량, 물 2큰술(30㎖)을 넣고 전자레인지(500W)에서 2분간 가열한다. ② 술지게미가 붇기 시작하면 스푼으로 덩어리가 없어질 때까지 으깨어 섞고 부드러운 페이스트 상태로 만든다. ③ 120㎖를 넣고 전자레인지(500W)에서 1분 더 가열한다.

해동

사용할 때는 소량씩 가열 조리한다. 지게미 절임 등 생 지게미를 그대로 사용할 때는 냉장실에서 해동한다. 사용 전에 소량의 청주에 담그면 더욱 풍미가 좋아진다.

6장

반찬·디저트의 냉동 보관

닭튀김

튀긴 후 냉동이 정답 육즙을 유지하는 요령

3가지 요령을 따르자

닭튀김은 튀겨서 냉동하는 것이 좋다. 육즙과 바삭바삭한 식감을 유지하는 요령은 3가지이다. 첫 번째는 밑간에 마요네즈를 첨가하는 것이다. 닭고기가 부드러워질 뿐 아니라 유분이 고기의 육즙을 유지하는 역할을 한다. 두 번째는 튀김옷을 입혔다면 바로 튀겨야 한다. 그리고 세 번째는 고온에서 바삭하게 튀긴다. 튀기기 직전에 기름의 온도를 180℃까지 올리고(강한 중간 불) 닭고기에서 나오는 기포가 줄어들 때까지 충분히 튀긴다.

2주간 맛을 유지하는 냉동 방법

1 잘 식힌다

뜨거울 때 얼리면 해동할 때 수분이 생긴다. 그러므로 기름을 빼고 잘 식힌다. 표면의 온도를 확인하고 가능하면 1개를 잘라 속까지 식었는지 잘 체크한다.

2 랩으로 싼다

식은 튀김을 2~3개씩 랩으로 싼다. 공기와의 접촉을 막으면 고기와 기름의 산화를 방지할 수 있다.

3 빠르게 냉동을

냉동용 지퍼 팩에 넣어 입구를 닫고 금속제 쟁반에 얹어 냉동실에 보관한다. 금속제 쟁반에 담아 얼리면 냉동 속도가 빨라 품질의 열화를 막을 수 있다.

이대로 냉동실에 IN!

해동 퍽퍽하지 않게 데우는 법

반찬이나 도시락 등 용도에 따라 해동 방법을 달리한다.

도시락에

육즙을 유지하는 전자레인지 해동

닭튀김은 랩을 벗기고 간격을 두고 접시에 담는다. 전자레인지(600W)에서 40초(3개 기준)간 가열한다. 닭튀김을 위아래로 뒤집어 놓고 다시 30초간 가열한다.

반찬으로

바삭하게 데우는 토스터 해동

닭튀김은 랩을 벗기고 쿠킹 포일을 깐 트레이에 간격을 두고 얹는다. 오븐 토스터(1,000W)에서 5분 정도 가열한다. 그러고 나서 쿠킹 포일을 씌우고 다시 2~3분 더 가열한다.

Idea

레인지 + 토스터 = 바삭바삭 & 육즙

닭튀김은 랩을 벗기고 간격을 띄워 접시에 올린다. 3개를 기준으로 전자레인지(600W)에서 30초 정도 가열하여 절반 해동한다. 쿠킹 포일을 깐 트레이에 절반 해동 닭튀김을 올리고 오븐 토스터(1,000W)에서 3~4분 정도 가열한다.

Recipe / 냉동해도 맛있는 닭튀김 튀기는 법

1 닭고기에 간을 충분히 입힌다

비닐 팩에 닭다리(한입 크기) 300g, 간장 2큰술, 술 1큰술, 마요네즈 1큰술, 생강즙 1/2작은술, 간 마늘 1/2작은술을 넣고 주물러 냉장실에 15분 정도 놓아둔다. 그런 다음 냉장실에서 꺼내 박력분 2큰술을 넣고 잘 섞이게 주물러 준다.

2 중온→고온에서 튀긴다

그릇이나 금속제 쟁반에 녹말가루를 깐다. ①의 닭고기를 넣고 1토막씩 녹말가루를 전체에 묻힌다. 묻은 가루를 털고 중간 온도(170℃)의 튀김기름에 넣는다. 3~5분 정도 이따금 뒤집으면서 튀긴다. 닭고기가 노릇노릇해지면 180℃로 온도를 높이고 1~3분간 튀긴다. 붉은 갈색이 짙어지고 튀김에서 나오는 기포가 적어지면 망에 올려 기름을 뺀다.

보관
1개월

춘권

냉동에도 해동에도 중요한 포인트가!

조리에 손이 많이 가는 춘권은 한번 만들 때 넉넉하게 튀겨 냉동 보관해 두는 것이 좋다. 바삭한 식감을 내기 위해서는 튀기기 전 상태로 재료를 냉동하고 얼린 그대로 저온 기름에서 튀기는 것이 중요하다. 냉동과 해동 각각의 포인트를 체크한다.

춘권을 냉동하는 3가지 요령

1 재료를 만드는 요령

재료는 녹말가루를 넉넉히 사용해 되직하게 만들면 재료의 수분으로 인해 피가 눅눅해지는 것을 막을 수 있다. 완성된 재료는 한번 냉장실에서 완전히 식힌 다음에 말아준다. 뜨거울 때 말면 재료에서 증발하는 수분이 피 속에 고여 튀겼을 때 기름이 튀는 원인이 된다.

2 춘권을 싸는 요령

춘권은 냉동하면 건조해져 피가 쉽게 벗겨지므로 재료를 싸서 말 때는 특별히 신경 쓴다. 마지막에 물에 녹인 밀가루를 넉넉히 발라 잘 붙게 한다.

이대로 냉동실에 IN!

3 냉동 보관 요령

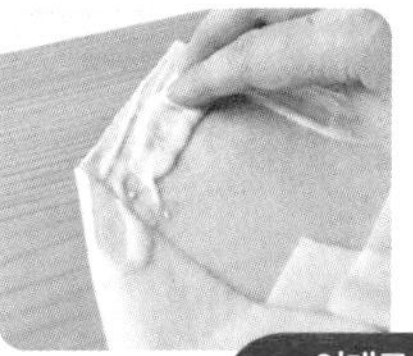

금속제 쟁반에 랩을 깔고 사이를 두고 춘권을 담고 위에서 랩을 씌워 냉동실에 넣는다. 하룻밤 정도 두었다가 춘권이 완전히 얼면 냉동용 지퍼 팩으로 옮긴다. 냉동실 공간이 부족한 경우에는 춘권을 하나씩 랩으로 싼 후 냉동용 지퍼 팩에 넣어 냉동하면 OK.

해동

냉동 상태 그대로 저온의 기름에서 튀긴다

해동하면 수분이 나와 껍질이 흐물거리므로 주의한다. 또한, 춘권에 이슬이 맺히면 기름이 튀는 원인이 되므로 제거한다.

프라이팬에 1.5~2cm의 튀김기름을 넣고 중간 불에서 달군다. 춘권을 넣고 4분 정도 튀겨 낸다. 160℃ 정도의 낮은 온도에서 천천히 튀기면 속까지 충분히 해동된다. 4분 정도 뒤에 뒤집고 강한 불에서 다시 1분 정도 더 노릇노릇해질 때까지 튀긴다.

새우튀김

전자레인지와 토스터를 활용해 해동

완전히 식힌 다음에 랩으로 싼다

넉넉하게 튀긴 새우튀김은 냉동 보관하면 도시락 등에 활용할 수 있다. 냉동할 때는 일단 새우튀김을 잘 식혀준다. 뜨거운 새우를 랩으로 싸면 이슬이 고여 튀김옷의 바삭함이 사라지므로 주의한다. 식으면 한 개씩 랩으로 싸고 이슬이 생기는 것을 예방한다. 다 싸고 나면 냉동용 지퍼 팩에 담아 공기를 빼고 냉동실에 보관한다.

Recipe /

간편 새우 마요롤

그릇에 마요네즈 2큰술, 요구르트(가당) 1큰술, 토마토케첩 1작은술, 레몬즙 1/2작은술, 소금, 후추 각 조금(새우튀김에 밑간을 한 경우 필요 없다)을 넣고 거품기로 섞는다(**A**). 해동한 새우튀김 8마리(작은 새우가 좋다. 큰 경우는 자른다)에 **A**를 올리고 남은 **A**를 끼얹는다. 양상추를 곁들이면 좋다.

바삭하게 튀겨 내는 해동 방법

1 전자레인지로 해동

얼린 상태의 새우튀김은 랩을 벗기고 내열 용기에 담아 2개(약 60g) 기준 전자레인지(500W)에서 30초간 가열한다. 랩으로 싼 채 가열하면 튀김옷이 수분 때문에 눅눅해질 수 있으므로 반드시 벗긴다.

2 마지막에 오븐 토스터로 굽는다

새우튀김은 전자레인지에서 해동만 해도 먹을 수 있지만, 마지막으로 오븐 토스터로 가볍게 구우면 튀김옷이 바삭하고 맛있어진다.

튀김

열과 기름을 완전히 제거하면
냉동해도 바삭바삭!

양파나 여주 등 수분이 많은 재료는 피한다

튀김을 냉동할 때는 튀김에 여분의 기름과 수분을 남기지 않는 것이 중요하다. 튀길 때는 재료를 충분히 익히고 마지막에 불을 조금 강하게 하면 튀김옷의 수분이 날아가 바삭바삭함이 남는다. 또, 양파나 여주처럼 수분이 많은 재료는 해동 후 식감이 떨어지므로 냉동 보관에는 적합하지 않다. 감자 등의 냉동에 적합하지 않은 식재료도 피하는 편이 좋다.

냉동을 성공시키는 포인트

1 기름을 빼고 열을 식힌다

기름이 산화하면 풍미가 나빠지기 때문에 키친타월로 여분의 기름을 흡수한다. 또한 뜨거운 상태로 냉동하면 급격한 온도 변화로 이슬이 발생해 튀김옷이 수분을 먹게 되므로 열이 식을 때까지 상온에서 식히거나 시간이 많지 않을 때는 부채질을 한다.

2 키친타월과 랩으로 싼다

키친타월을 이용해 냉동과 해동 과정에서 나오는 여분의 기름과 수분을 흡수한다. 두꺼운 키친타월을 사용하면 튀김옷이 잘 들러붙지 않으므로 추천한다. 1회분씩 랩으로 싸 두면 해동할 때도 사용하기 편하다.

3 밀봉하여 급속 냉동

냉동용 지퍼 팩에 넣어 입구를 닫고 밀봉하며 산화를 방지한다. 금속제 쟁반에 담아 냉동실에 넣어 급속 냉동한다.

해동

전자레인지 해동은 NG! 갓 튀겨 낸 식감을 되살리는 테크닉

1 냉장실에서 자연 해동

튀김을 키친타월과 랩으로 싼 채 냉장실에 넣어 약 30분이면 해동할 수 있다(채소튀김 1개 기준). 이렇게 하면 맛이 잘 변하지 않아 가열 시간도 단축된다. 자연 해동하지 않고 바로 가열하고 싶을 때는 2의 가열 시간을 조절한다.

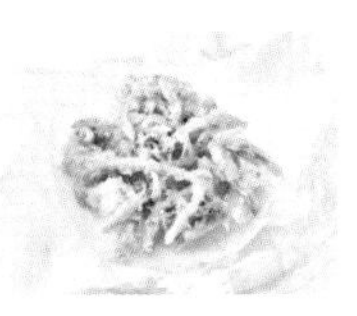

2 토스터에서 가열

구깃구깃 구긴쿠킹 포일 위에 랩을 벗긴 튀김을 얹고 오븐 토스터(200°C)에서 약 2분간 가열한다(채소튀김 1개 기준). 타지 않도록 살피면서 표면이 바삭해질 때까지 굽는다. 쿠킹 포일을 구기면 여분의 기름이 포일 안으로 잘 떨어진다. 1을 생략하면 튀김 위에도 쿠킹 포일을 씌워 타는 것을 방지하고 200℃에서 약 5분간 데운다.

하이라이스

주요 재료는 냉동하기 쉽다

남은 하이라이스는 한 끼씩 소분해 냉동하는 것이 좋다. 한 번에 만들어 냉동해 두면 언제든지 간편하게 먹을 수 있어 편리하다! 주재료인 쇠고기, 양파, 양송이버섯 등은 냉동해도 식감이 거의 변하지 않는다. 감자 등 냉동에 적합하지 않은 식재료는 뺀다.

맛을 유지하는 냉동 요령

1 만들면 바로 충분히 식힌다

바로 만든 하이라이스는 금속제 쟁반에 옮겨 아이스 팩이나 얼음물에 담가 열을 식힌다. 냄비 채 상온에 방치하면 식중독의 원인이 될 수 있으므로 만들고 나면 가능한 한 빨리 식혀 냉동하는 것이 중요하다. 스테인리스나 알루미늄 냄비는 아이스 팩이나 얼음물을 이용해 식혀도 OK.

2 보관 용기에 랩을 깔면◎

냉동용 보관 용기에 랩을 깔고 1회분씩 넣어 뚜껑을 덮은 다음 냉동한다. 그리고 랩을 깔면 용기에 색이 배는 것을 방지할 수 있다. 또는 1회분씩 냉동용 지퍼 팩에 담은 다음 공기를 빼고 밀봉하여 냉동한다.

이대로 냉동실에 IN!

절반 해동 상태로 일단 섞는다

냉동용 보관 용기의 경우

용기의 뚜껑을 열고 전자레인지(500W)에서 약 250g(한끼 분량) 기준 3분 정도를 가열해 절반 해동한다. 한 번 전자레인지에서 꺼내어 전체를 섞고 다시 3분 정도 더 가열한다. 너무 오래 가열하면 랩이 녹을 수 있으므로 가열 시간을 지킨다.

냉동용 지퍼 팩의 경우

팩의 입구를 열고 전자레인지(200W)에서 약 250g(한끼 분량) 기준 4분 정도 가열하여 절반 해동(반드시 입구가 위를 향하게 세운 후 가열)한다. 내열 용기에 절반 해동 상태의 하이라이스를 옮겨 담고 전체를 섞은 뒤 넉넉하게 랩을 씌워 3분 더 가열한다. 아니면 절반 해동 상태의 하이라이스를 냄비에 옮겨 담고 중간 불에서 2분 30초 정도 저어주면서 가열한다. 수분이 날아가므로 상태를 보면서 물을 조금 넣어도 좋다.

보관
1 개월

스튜

감자는 으깨서 냉동하면
맛을 유지할 수 있다

냉동할 생각이라면 재료 손질에 신경 쓴다

스튜는 유제품을 사용하기 때문에 빨리 상한다. 바로 먹지 못할 때는 냉동 보관을 추천한다. 대표적인 재료인 감자는 냉동에 적합하지 않기 때문에 냉동을 염두에 두고 만들 경우에는 호박이나 순무, 주키니, 버섯 등 '냉동해도 식감이 잘 변하지 않는 채소'를 사용하면 으깨는 수고를 생략할 수 있다.

맛을 유지하는 냉동 요령

1 뜨거울 때 감자를 으깬다

감자는 냉동하면 식감이 나빠지기 쉬우므로 스튜에서 꺼내 포크의 등을 이용해 덩어리가 없어질 때까지 으깬 후 스튜에 다시 넣는다.

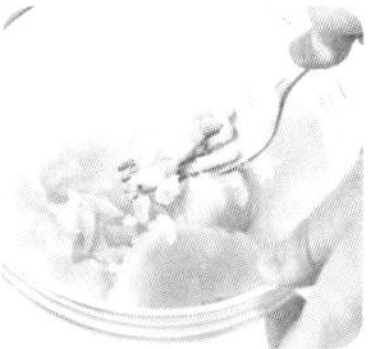

2 가능한 한 빨리 식힌다

스튜를 만들면 그날 먹을 양을 제외하고는 바로 그릇에 담아 아이스팩 또는 얼음물에서 열을 식힌다. 냄비 채 상온에 방치하면 식중독의 원인이 될 수 있다. 보관할 양은 가능한 한 빨리 식혀 냉동실에 넣는다. 냄비 재질이 스테인리스나 알루미늄일 때는 냄비 바닥에 아이스팩을 두거나 얼음물에 담가 식혀도 OK.

3 1회분씩 소분한다

열을 식힌 스튜를 1회분씩 냉동용 지퍼 팩에 담아 뚜껑을 덮고 냉동한다. 또는 냉동용 지퍼 팩에 넣고 공기를 빼서 팩의 입구를 닫고 냉동한다. 비프스튜나 토마토스튜를 냉동할 경우에는 용기에 랩을 깔면 이염을 막을 수 있다(131쪽 참조).

해동

해동한 스튜가 팍팍할 때는 일단 전자레인지에서 꺼냈을 때 우유나 물을 소량 첨가해서 섞은 다음 다시 가열한다.

냉동용 보관 용기의 경우

용기의 뚜껑을 벗기고 전자레인지(500W)에서 300g(한끼 정도) 기준 5분간 가열한다. 일단 전자레인지에서 꺼내어 전체를 섞고 다시 3분간 더 가열한다.

냉동용 지퍼 팩의 경우

팩의 입구를 열고 전자레인지(500W)에서 300g(한끼 정도) 기준 1분 30초간 가열한다. 내열 용기에 절반 해동 상태의 스튜를 옮겨 담고 넉넉하게 랩을 씌워 전자레인지에서 2분 30초 더 가열한다. 한번 전자레인지에서 꺼내어 전체를 섞고 3분간 더 가열한다.

가파오라이스(바질 닭고기덮밥)

1회분씩 랩으로 싸서 지퍼 팩에

가파오라이스(바질 닭고기덮밥)의 재료를 냉동해 두면 먹고 싶을 때 해동해 밥에 올리기만 하면 된다. 파스타, 우동, 소면, 중식은 물론 죽에 넣어도 맛있다! 열을 식힌 가파오라이스의 재료는 1회분씩 랩으로 싸서 냉동용 지퍼 팩에 담고 금속제 쟁반에 담아 급속 냉동한다.

해동 랩을 벗기고 내열 용기에 담아 넉넉하게 랩을 씌운다. 1인분(120g) 기준 전자레인지(500W)에서 1분 가열하여 절반 해동 상태로 만들고 한번 전자레인지에서 꺼내어 전체를 섞은 후 다시 랩을 씌워 1분간 가열한다.

Recipe

남플라즙을 사용하지 않고 가파오라이스 만드는 법 (2인분)

남플라는 코인 육수+뱅어포로 대신해도 ◎

① 양파 1/4개는 1㎝ 두께로 쐐기모양썰기를, 빨강 파프리카는 1㎝ 두께로 어슷썰기를, 마늘 한 쪽은 다진다. 바질(시소도 가능) 3~4가지(작은 잎 14~16장 정도)의 잎은 장식용으로 일부를 떼어 놓고 나머지는 잎을 하나씩 따 놓는다. 큰 잎은 반으로 찢는다.

② 프라이팬에 참기름 1큰술을 두르고 ①의 마늘을 넣어 볶다가 향이 나면 다진 닭고기(다진 돼지고기나 소고기도 가능) 200g을 넣고 볶는다.

③ 고기가 보슬보슬하게 익으면 뱅어포 1큰술을 넣고 살짝 볶은 뒤 ①의 양파와 빨강 파프리카를 넣는다.

④ ③에 코인 육수 1+1/2큰술(간장 1/2큰술도 가능), 굴소스 1작은술, 술 1큰술, 소금, 후추, 고춧가루 각각 조금을 넣고 가볍게 섞은 다음 ①의 바질을 첨가한다. 전체적으로 간이 배면 불을 끈다. 이것으로 재료 완성.

⑤ 달걀프라이는 가장자리가 바삭하게 익도록 센 불에서 굽는다(2개 분량). 접시에 밥을 담고 ④를 얹은 다음 달걀프라이를 올린다. 어슷 썬 오이, 반으로 자른 방울토마토, 쐐기모양으로 썬 레몬 각각 적당량과 ①의 바질 잎으로 플레이팅한다.

보관
3주간

달걀덮밥

달걀을 넣기만 하면
덮밥이 바로 완성!

밑간해 냉동하면 재료에 간이 밴다

달걀덮밥의 재료는 밑간해 냉동하기를 추천한다! 냉동용 지퍼 팩에 달걀덮밥에 들어가는 재료와 조미료를 넣기만 하면 되므로 매우 간단하다. 냉동하면 닭고기와 양파에 간이 잘 밴다.

맛간장으로 달걀 이외의 재료를 밑간해 냉동한다

1 재료를 모두 지퍼 팩에

닭다리 1개(220g)는 한입 크기, 양파 1/4개는 얇게 썰고, 생강 1쪽은 채 썬다. 그러고 나서 냉동용 지퍼 팩을 2장 준비하여 반씩 넣는다. 맛간장(2배 농축) 5큰술, 물 6큰술, 설탕 1작은술을 섞어 팩에 반씩 넣는다. 냉동용 지퍼 팩을 계량컵이나 깊은 그릇에 씌워 재료를 넣으면 국물이 넘치지 않게 잘 넣을 수 있다.

2 급속 냉동한다

공기를 빼고 팩의 입구를 닫아 금속제 쟁반 위에 얹고 냉동실에서 급속 냉동한다.

이대로
냉동실에 IN!

해동

1 냄비에 얼린 재료를 넣고 끓인다

작은 프라이팬에 얼린 달걀덮밥의 재료(1팩 1인분)를 넣는다. 부러뜨려 넣으면 흘리지 않고 깨끗하게 넣을 수 있다. 뚜껑을 덮고 중간 불에서 4~5분간 끓인다. 가끔 뚜껑을 열고 저어주면 된다. 끓으면 거품을 걷어내고 약한 불로 줄이고 1분 30초 정도 끓인다.

2 익으면 달걀물을 넣는다

닭고기가 익으면 달걀물 2개 분량을 돌려가며 넣고 다진 파드득나물 줄기를 적당량 넣는다. 뚜껑을 덮고 잠시 두었다가 불을 끈다. 달걀이 반숙 상태가 되면 밥 적당량을 담은 그릇에 얹고 다진 파드득나물 잎을 뿌린다.

보관 1개월

피자

남은 피자는 소분해
랩으로 싸고 건조를 방지한다

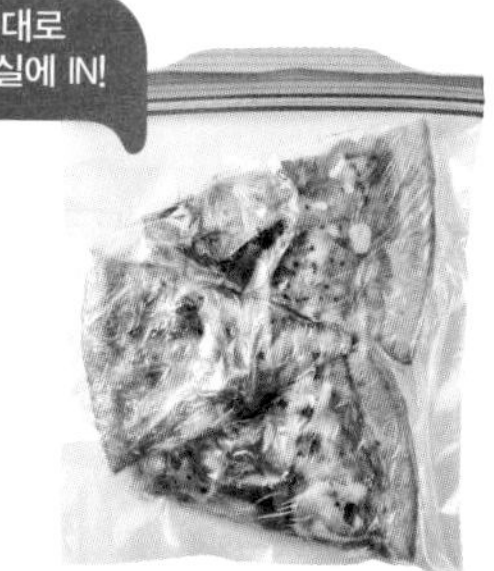

완전히 식혀서 랩으로 싼다

한번 냉동했다가 해동한 피자는 수분이 증발해 반죽이 맛이 없을까? 아니, 냉동과 해동을 잘하면 괜찮다. 냉동할 때는 소분해 랩으로 싸서 건조를 방지한 후 냉동용 지퍼 팩에 넣고 공기를 빼 입구를 닫는다. 피자가 따뜻할 때는 그대로 상온에서 식힌 후 랩으로 싼다. 생채소나 과일, 감자, 삶은 달걀 등 냉동에 적합하지 않은 식재료는 제외한다.

해동

프라이팬에 구우면 고소하다!

쿠킹 포일(있으면 프라이팬용 쿠킹 포일을 추천)을 구겨 프라이팬에 깐다. 냉동 피자의 랩을 벗기고 분무기로 가볍게 물을 뿌려 프라이팬에 담고 뚜껑을 닫은 다음 약한 불에서 16분 정도 굽는다. 불이 너무 강하면 재료는 차가운데 반죽의 뒷면만 타버릴 수 있다. 약한 불에서 상태를 보면서 가열한다. 조개의 종류나 반죽의 두께에 따라 해동 시간이 다르므로 상태를 보면서 그때그때 조정한다.

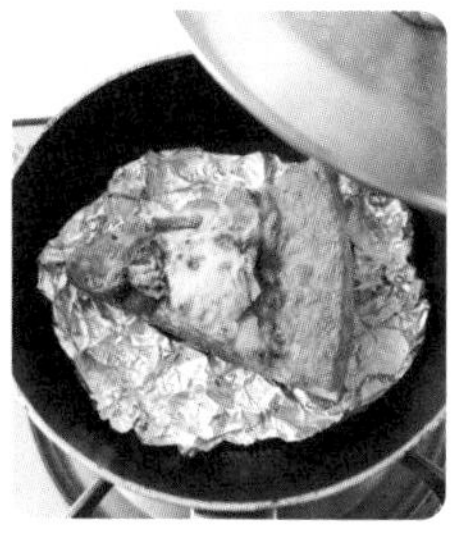

토스터로 구우면 바삭하게 완성된다!

랩을 벗기고 분무기로 양면에 가볍게 물을 뿌린다. 바삭한 피자를 좋아할 경우에는 물을 뿌리지 않아도 OK. 미리 가열해 둔 오븐 토스터(200℃)에서 6분 정도 굽는다. 구울 때 탈 것이 걱정되면 중간에 쿠킹 포일을 씌운다. 조개 종류나 반죽의 두께에 따라 해동 시간이 다르므로 상태를 보면서 그때그때 조정한다.

Idea

치즈를 추가로 얹으면 치즈가 녹아 좀더 갓 만든 것에 가까운 맛을 낸다!

보관 1개월

오코노미야키

한 장씩 냉동하면
맛을 오래 유지할 수 있다

랩으로 싸서 수분이 증발하는 것을 막는다

오코노미야키(양배추전)는 반드시 완전히 익힌 후에 냉동 보관한다. 랩과 냉동용 지퍼 팩으로 건조를 예방하면 냉동하기 전과 거의 변함없는 맛을 즐길 수 있다. 단, 따뜻할 때 랩으로 싸면 수증기가 고이고 이것이 물방울이 되어 눅눅해지는 원인이 되므로 완전히 식히는 것이 중요하다. 랩으로 쌀 때는 공기가 차단될 수 있게 밀착해 싸는 것을 잊지 말자.

해동

먹기 전에 토스터를 사용하면 ◎

오코노미야키에 랩을 씌운 채 내열 용기에 담고 전자레인지(500W)에서 1개(약 300g) 기준 약 6분간 가열한다. 그릇에 담고 소스와 마요네즈, 파래 등을 곁들인다. 전자레인지에서 가열 후 마지막에 오븐 토스터(200°C)에서 3분 정도 구우면 겉이 바삭해서 맛이 더 좋다.

히로시마풍 오코노미야키도 마찬가지로 냉동할 수 있다. 단, 해동할 때 주의가 필요하다. 양배추에서 수분이 빠져나오므로 랩을 벗긴 다음에 가열한다. 한 장(약 460g)을 기준으로 전자레인지(500W)에서 7분 정도 가열한다.

썰어서 냉동하면 도시락으로 변신 가능!

랩으로 소분해서 냉동한다

6등분해서 냉동하면 먹기도 좋고 도시락으로도 활용할 수 있다. 기호에 맞게 원하는 크기로 자른다. 한 조각씩 랩으로 싸서 냉동용 지퍼 팩에 담고 완전히 공기를 빼서 냉동 보관한다.

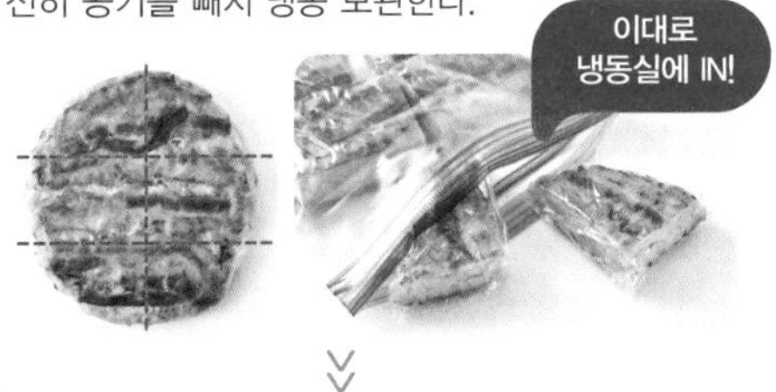

해동

오코노미야키(양배추전)에 랩을 씌운 채 내열 용기에 담고 전자레인지(500W)에서 2조각(약 100g) 기준 2분 20초간 가열하여 소스와 마요네즈, 파래 등을 얹는다. 도시락을 쌀 때는 소스 등을 뿌린 뒤에 담는 것이 좋다. 가능하면 칸막이를 하여 다른 반찬과 섞이지 않도록 처리한다. 작은 용기에 소스를 담아 따로 넣는 것도 괜찮다.

Column 4

전자레인지로 냉동 만두를 해동하는 가장 좋은 방법은?

머그잔에 올려 전자레인지에서 찌는 것이 새로운 상식

찜기와 같은 효과를!

머그잔에 1~2cm(약 30㎖)의 물을 붓고 냉동 만두를 얹는다. 만두 바닥에 종이(글래싱지)가 있는 경우는 제거한다. 랩을 넉넉하게 씌우고 전자레인지에서 약 3분간 가열한다. 찜기처럼 만두의 바닥부터 열이 퍼져 전체가 볼륨감 있게 쪄진다.

Point 만두의 지름보다 둘레가 작은 전자레인지용 머그잔을 사용한다. 랩을 씌우면 증기가 밖으로 빠져나가지 못하고 만두 바닥부터 전체로 퍼져 열이 고르게 전해진다.

만두피가 먹음직스럽게 부풀어 부드럽고 속까지 따끈따끈!

만두피는 부드러워지고 먹음직스럽게 완성된다. 중심까지 열이 전해져 전자레인지로 해동하는 음식 중에 가장 맛있게 해동할 수 있다. 이렇게 하면 시간이 지나도 잘 굳지 않는다.

검증! 그 밖의 해동 방법은?

랩만 씌워 해동

냉동 만두를 내열 용기에 담고 여유 있게 랩으로 싼다. 전자레인지(500W)에서 약 1분 20초 (1개 기준) 가열했는데 만두의 바닥이 딱딱해졌고 시간이 지나면서 전체적으로 점차 딱딱하게 굳는다. 가능하면 가열하고 바로 먹는 것이 좋다.

물에 직접 적시기 + 랩을 씌워 해동

냉동 만두를 살짝 적셔 내열 용기에 담고 랩을 여유 있게 씌우고 전자레인지(500W)에서 약 1분 30초(1개 기준)간 가열한다. 만두가 고르게 데워지지 않았지만 촉촉하고 부드럽다. 이것도 해동 후 1~2분이 지나면 굳기 시작하므로 따뜻할 때 먹도록 한다.

젖은 키친타월 + 랩을 씌워 해동

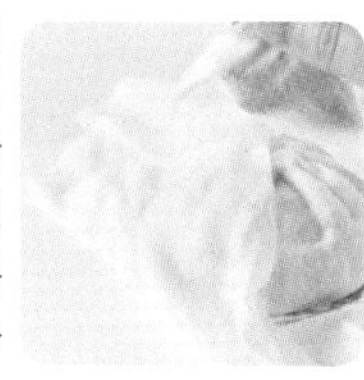

물에 적신 키친타월로 냉동 만두를 싸고 내열 용기에 얹어 랩을 씌운 다음 전자레인지에서 약 1분 40초(1개 기준) 가열한다. 만두피는 촉촉하게 부풀고 만두 속 육즙까지 따끈따끈하게 데워지지만 해동 후 1~2분이 지나면 굳기 시작하므로 따뜻할 때 먹는 것이 좋다.

역시 찜기를 사용하면 맛있다

식품을 속에서부터 가열하는 전자레인지에 비해 증기로 천천히 가열하는 찜기는 온도가 너무 빠르게 상승하지 않아 식품 전체를 고르게 데울 수 있다. 찜기가 없는 경우에도 사진과 같이 속이 깊은 프라이팬이나 냄비를 사용하는 것도 가능하다!

내열 용기가 들어갈 수 있는 크기의 깊은 프라이팬이나 냄비에 물 3㎝ 정도를 붓는다. 높이가 3㎝ 정도 되는 내열 용기 2개를 바닥끼리 맞대어 놓고 냉동 만두를 얹는다. 물방울이 떨어지는 것을 막기 위해 행주로 뚜껑을 감싸 냄비에 얹고 강한 불에서 가열한다. 물이 끓으면 중간 불에서 15분간 가열한다. 만두의 수가 많아도 가열 시간은 동일하다.

보관 1개월

미트 소스

이 고민을 해결하는 비결

완전히 식혀서 해동 후 물이 생기는 것을 해소한다

미트 소스는 넉넉하게 만들어 냉동해 두면 편리하다. 미트 소스가 완성되면 얼음물이나 아이스 팩을 이용해 완전히 식힌다. 따뜻한 상태로 지퍼 팩에 넣으면 물방울이 생겨 싱거워지는 원인이 된다. 식으면 냉동용 지퍼 팩을 계량컵이나 깊이가 있는 그릇에 씌워 미트 소스를 채운다. 1인분씩(180g 기준) 소분하면 ◎. 팩의 공기를 빼고 입구를 닫는다. 미트 소스를 얇고 평평하게 펴서 금속제 쟁반에 얹어 냉동실에 넣는다.

이대로 냉동실에 IN!

해동 전자레인지 가열은 절반 해동에서 멈춤

냉동용 지퍼 팩의 입구를 열고 뒤어서 내열 용기에 얹는다. 전자레인지(200W)에서 360g(2인분 정도)에 2분 가열하여 절반 해동한다. 냄비 또는 프라이팬에 미트 소스를 옮겨 담고 물 1큰술을 넣어 중간 불에서 익힌다. 중간중간 저어주다가 보글보글 끓어오르면 적당한 농도가 될 때까지 가열한다.

소량씩 사용하고 싶으면 지퍼 팩에 넣은 미트 소스에 미리 젓가락으로 십자 모양을 내고 냉동하면 된다. 조금 얼린 상태라면 좀 더 나누기가 수월하다. 해동할 때는 팩의 입구를 열고 사용하고 싶은 만큼만 부러뜨려 꺼낸다. 내열 용기로 옮겨 담고 여유 있게 랩을 씌워 전자레인지(500W)에서 90g 기준, 2분간 가열한다.

보관 용기에 넣어 냉동하면 해동이 편하다

용기에 랩을 깐다! 색과 냄새 배는 것을 막을 수 있다

냉동용 보관 용기에 냄새가 배는 것을 막기 위해 랩을 깔고 충분히 식힌 미트 소스를 1인분(180g 기준)씩 담고 뚜껑을 덮어 냉동한다.

해동 용기의 뚜껑을 열고 전자레인지(500W)에서 180g 기준으로 2분간 가열한다. 중간에 전자레인지에서 꺼내어 전체를 섞은 다음 다시 2분을 더 가열한다. 전자레인지로 너무 오래 가열하면 랩이 녹아내릴 수 있으므로 가열 시간을 지킨다.

고기 완자

익혀서 냉동하는 것이 정답

맛을 오래 유지할 수 있다!

완전히 식힌 후에 냉동용 지퍼 팩에

완자를 생으로 냉동하면 고기의 수분이 날아가 조리했을 때 푸석푸석한 식감이 난다. 가열한 다음 냉동 보관하는 편이 고기의 품질을 유지하는 데 좋다. 익힌 완자를 키친타월을 깐 금속제 쟁반(또는 평평한 접시)에 옮겨 담고 열을 식힌다. 냉동용 지퍼 팩에 넣고 가능한 한 공기를 뺀 후 냉동실에 보관한다.

해동 얼린 그대로 수프나 볶음요리에 넣는다. 이미 가열한 상태이므로 익히는 시간은 3분 정도면 OK. 너무 많이 가열하면 딱딱해지므로 주의한다.

Recipe／냉동용 완자(약 12개)

양파를 생으로 넣으면 잡내를 억제할 수 있다. 해동 후에 고기가 딱딱해지는 원인이 되므로 너무 치대서 섞지 않도록 한다.

① 그릇에 다진 고기 250g, 다진 양파 1/4개, 밀가루 2큰술, 소금 1/2작은술을 넣고 스푼 등을 이용해 부드럽게 뭉쳐질 때까지 섞는다. 손바닥에 2큰술 정도의 양을 얹고 둥글게 빚는다. 스푼 등으로 조금 눌러가며 모양을 만들면 익었을 때 잘 부서지지 않는다.

② 프라이팬에 샐러드유 1큰술을 넣고 중간 불에서 굽는다. 전체적으로 노릇노릇하게 익으면 불을 약하게 줄이고 프라이팬을 살짝살짝 흔들어 굴리면서 구우면 고르게 익는다. 고기에서 나온 여분의 기름은 자주 닦아낸다. 대나무 꼬치로 속을 찔렀을 때 투명한 육즙이 나오면 익었다는 신호다.

양념해두면 도시락에 이용하기 쉽다

열을 식힌 완자와 토마토케첩을 냉동용 지퍼 팩에 넣는다. 약 12개(다진 고기 250g) 분량의 완자를 기준으로 토마토케첩 2큰술을 넣는다. 손으로 가볍게 주물러 버무리고 가능한 한 공기를 뺀 후 입구를 닫아 냉동실에 보관한다.

해동 바로 먹을 때는 전자레인지로 가열해 해동한다. 먹을 만큼만 꺼내어 내열 용기에 담고 여유 있게 랩을 씌워 전자레인지(500W)에서 1개 기준 약 50초간 가열한다. 그리고 1개 더 늘어날 때마다 30초 정도 추가로 가열한다. 도시락에 넣을 때는 얼린 그대로 사용해도 좋다.

보관
1개월

피망 고기 완자

풍미를 유지하기 위해서는 구워서 냉동한다◎

수분이 날아가는 것을 막기 위해 랩으로 싼다

피망 고기 완자는 구워서 냉동하면 맛이 오래간다. 단 뜨거웠을 때 랩으로 싸면 NG. 증기 때문에 피망이 익어 달라붙기 때문에 먼저 열을 식히고 차가워지면 1개씩 랩으로 싼다. 수분이 날아가면 맛이 떨어지므로 가능한 공기에 노출되지 않게 밀봉해 싼다. 냉동용 지퍼 팩에 넣어 공기를 빼고 입구를 닫아 냉동실에 보관한다.

Recipe

피망 고기 완자(약 12개)

냉동해도 고기 속이 분리되지 않는다!

① 피망의 꼭지 둘레에 칼집을 넣고 꼭지와 속을 제거한다(사진). 꼭지를 도려낸 부분으로 밀가루(피망 1개당 1작은술 정도)를 넣는다. 벌어진 부분을 손으로 막고 6회 정도 가볍게 흔들어 안쪽에 밀가루를 묻히고, 거꾸로 들어서 밀가루를 털어낸다.

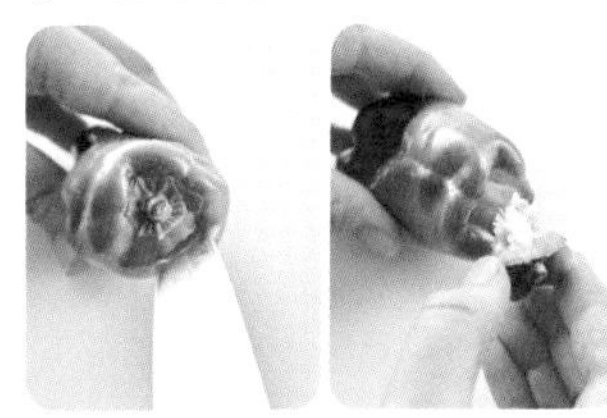

② 그릇에 다진 돼지고기 200g, 다진 양파 1/2개, 밀가루 2큰술, 소금 1/2작은술, 후추 조금을 넣고 약 1분 정도 치댄다. 그런 다음 피망 안에 이 고기 속을 손가락을 이용해 채워 넣는다.

③ 프라이팬에 샐러드유 1큰술을 두르고 중간 불에서 달군다. 고기 속을 채운 피망을 중간 불에서 3분 정도 굴려 가며 굽는다. 전체가 노릇노릇하게 익으면 약한 불로 줄이고 뚜껑을 덮어 10분 동안 쪄 낸다.

해동

랩을 여유 있게 씌워 가열한다

랩을 벗기고 내열 용기에 담는다. 새로운 랩으로 접시의 중심 부분을 부풀려 넉넉하게 덮어씌우고 전자레인지(600W)로 가열한다. 수가 많으면 고르게 가열되지 않으므로 한 번에 3개까지만 데운다. 시간은 1개일 때 1분 20초, 2개는 2분 30초, 3개는 3분이 기준이다.

소고기 감자조림

생으로 재료를 냉동하면
짧은 시간에 감자조림 완성

냉동에 적합하지 않은 감자는 작게 썰어서

시간도 손도 많이 가는 소고기 감자조림이지만 생 그대로 재료를 썰어 조미료와 함께 냉동해 두면 짧은 시간에 완성할 수 있다! 꼭 다음 레시피를 참고해 만들어 보자. 냉동에 적합하지 않은 감자도 작게 썰어 생으로 냉동하고 얼린 상태 그대로 조리하면 조리 후에도 포슬포슬한 감자의 식감을 맛볼 수 있으니 안심하자.

이대로 냉동실에 IN!

Recipe / 냉동 보관하면 간단! 소고기 감자조림을 만드는 법

냉동 방법

① 얇게 저민 소고기 150g은 먹기 좋은 크기로 썬다. 감자 2개는 껍질을 벗기고, 약 4㎝ 크기로 자른다. 당근 1/4개는 감자보다 작게 마구 썰기를 하고 양파 1개는 쐐기모양으로 썬다. 생강 1/2조각은 얇게 썰고 강낭콩 3개는 3등분한다.

② 간장 3큰술, 미림과 술 각각 2큰술, 설탕 1큰술, 샐러드유 1/2큰술, 육수 100㎖를 잘 섞어 L사이즈의 냉동용 지퍼 팩에 담는다. 여기서 알아야 할 것은 팩에 쇠고기, 양파, 당근, 생강, 감자, 강낭콩 순서로 재료가 겹치지 않게 담고 입구를 닫아 평평한 상태로 냉동한다(오른쪽 위 사진).

해동 방법(먹는 법)

① 냄비에 얼린 그대로 지퍼 팩의 내용물(소고기 감자조림의 재료 모두)을 넣고 강낭콩을 젓가락으로 골라낸다. 물 100㎖를 넣고 뚜껑을 덮어 중간 불에서 가열한다. 전체가 녹으면 가볍게 섞어 주고 내용물이 잠기도록 내부 뚜껑(쿠킹 포일이나 오븐 시트도 가능)을 덮어 채소가 부드러워질 때까지 8~10분간 끓인다.

② 썰어놓은 강낭콩을 냄비에 넣은 다음 뚜껑을 열고 5분 정도 졸이다가 불을 끈다. 그대로 5~10분 정도 두어 뜸을 들인다. 남은 열에도 재료가 익기 때문에 적당하다고 생각되기 직전에 불을 끄는 것이 요령이다.

보관 1개월

그라탱

굽기 직전에
냉동하면
O
구워서 바로 식탁에 낼 수 있다

해동

랩을 벗기고 내열 용기로 옮겨 전자레인지(500W)에서 500g(한끼 정도) 기준 12분간 가열한다. 접시의 무게나 그라탱의 두께에 따라서도 달라지므로 상태를 보면서 조절한다. 그라탱의 재료는 기본적으로 가열이 끝났기 때문에 전자레인지로 가열할 때 그 속이 사람의 피부 정도로 따뜻하면 OK. 그 후 꺼내어 상판에 얹어 예열한 오븐 토스터(200℃)에서 표면이 노릇노릇해질 때까지 7분 정도 굽는다.

Idea

구운 후의 그라탱도 냉동할 수 있다

큰 접시에서 만들고 남은 그라탱은 한끼씩 냉동용 보관 용기에 넣고 뚜껑을 덮어 냉동한다. 냉동실에서 1개월 정도 보관할 수 있다. 해동할 때는 용기의 뚜껑을 벗기고 전자레인지(500W)에서 약 250g 기준 7분 정도 가열한다.

한 번에 만들어 냉동해 두자

손이 많이 가는 그라탱은 한 번에 만들어 냉동해 두면 편리하다. 굽기 전 상태로 냉동하면 따뜻할 때 치즈가 녹아 맛있게 먹을 수 있다. 랩으로 싸고 냉동용 지퍼 팩에 담아 냉동하면 냉동실의 공간을 차지하지 않는다.

굽기 전에 냉동하는 방법

1 접시에 랩을 깔고 재료를 얹는다

그라탱용 내열 용기에 랩을 가로와 세로 十자로 깔고 그라탱의 속 재료를 넣는다. 열을 식히고 피자용 치즈를 얹는다. 그대로 랩으로 싸서 내열 용기 채 냉동실에 넣는다.

2 일단 냉동 후 팩에

반나절 정도 지나 그라탱이 접시 형태로 굳으면 냉동용 지퍼 팩으로 옮긴다. 공기를 빼고 팩의 입구를 닫아 냉동실에 보관한다. 접시 채 냉동해도 되지만 팩으로 옮기면 간편하게 보관할 수 있다.

양배추 롤

보관
가열 전 3주간
가열 후 1개월

냉동은 끓이기 전? 후?

기호에 따라 선택

간편한 것을 선호한다면 가열 후에 냉동한다

양배추 롤의 냉동은 끓이기 전이든 나중이든 OK. 가열 전에 냉동하면 고기가 퍽퍽하지 않고 촉촉하다는 장점이 있는가 하면 해동 후에 조리해야 한다는 점과 양배추가 조금 단단하다는 단점이 있다. 한편, 가열 후에 냉동하면 전자레인지로 가열만 해서 바로 먹을 수 있다는 것이 가장 큰 장점이다. 양배추가 부드럽고 먹기 편한 것도 특징이다. 단, 냉동실 안에서 부피가 커지고 고기가 조금 퍽퍽한 것이 신경 쓰일 수도 있다. 어떤 방법이든 기호에 맞게 선택하면 된다!

삶기 전에 냉동하는 방법

삶기 전에 양배추 롤을 하나씩 랩으로 싸서 냉동용 지퍼 팩에 넣는다. 그러고 나서 공기를 빼고 팩의 입구를 닫아 냉동한다. 냉동실의 공간을 차지하지 않기 때문에 넉넉하게 만들어 보관하고 싶을 때 편리하다.

이대로 냉동실에 IN!

해동

수프를 준비하고 얼린 양배추 롤을 넣어 끓인다. 뚜껑을 덮고 중간 불에서 끓이다가 끓어오르면 약한 불로 줄여 15분 후에는 완성한다.

끓여서 냉동하는 방법

차갑게 식힌 양배추 롤을 냉동과 전자레인지 가열이 가능한 보관 용기에 1~2개씩 넣고 수프를 부은 다음 뚜껑을 덮어 냉동한다. 수프는 양배추 롤이 잠길 정도의 양이 기준이다. 부족한 경우에는 콩소메 고형 수프를 뜨거운 물에 녹여 붓는 방법도 있다.

해동

보관 용기의 뚜껑을 열고 전자레인지(600W)에서 2개(약 260g+수프 200㎖) 기준 10분간 가열한다.

수프

냉동에 적합하지 않은 재료는 손질을

수프는 한끼씩 냉동하면 편리하다. 얼렸을 때 식감이 변하는 재료는 냉동 전에 작은 손질을 한다. 흰자위 부분이 퍽퍽하기 쉬운 달걀은 달걀국으로 하면 해결된다. 수분이 빠져나가 식감이 퍽퍽해지기 쉬운 감자는 덩어리가 없어질 때까지 으깬 뒤 냉동하면 된다. 아삭아삭한 식감의 양상추와 숙주나물은 냉동하면 부드러워진다. 하지만 크게 신경 쓰이지 않는다면 그대로 냉동해도 괜찮다.

수프 냉동 방법

1 얼음으로 가능한 한 빨리 식힌다

수프에 세균이 증식하는 것을 막기 위해 만들고 나면 되도록 빨리 식힌다. 상온에 두면 온도가 잘 내려가지 않으므로 스테인리스나 알루미늄 냄비는 냄비 바닥에 아이스 팩을 두거나 얼음물에 담근다. 법랑 냄비인 경우는 그릇이나 트레이로 옮겨 담은 후 식히는 것이 좋다.

2 보관 용기의 80%까지 담는다

완전히 식힌 수프를 한끼씩 냉동용 보관 용기에 담는다. 수프는 냉동하면 팽창하므로 용기의 80% 정도 되는 양을 기준으로 넣는다. 그런 다음 뚜껑을 덮어 냉동실에 보관한다. 토마토 베이스나 카레 수프는 용기에 냄새와 색이 밸 우려가 있으므로 용기에 랩을 깔고 수프를 넣으면 된다.

수프에 가장 적합한 그릇을 선택한다

한끼 분량이 알맞게 들어가는 480㎖의 얇은 용기는 냉동실 자리를 크게 차지하지 않고 겹쳐서 보관할 수 있다. 해동 시간도 짧은 편이다.

한끼 분량에 딱 맞는 473㎖의 보관 용기. 뚜껑이 스크루 타입이라 단단히 밀폐할 수 있어 국물이 새지 않는다. 해동 후 그대로 먹을 수 있다.

해동

상태를 보면서 가열한다

용기의 뚜껑을 열고 전자레인지(500W)에서 360g(한끼 분량) 기준 6분 30초 가열한다. 아직 얼어 있는 부분이 있다면 한 번 섞어준 다음 상태를 보면서 1분씩 가열한다.

감자 샐러드

한 번에 만들어 소분해 냉동하는 것이 정답

감자 샐러드는 만들기 귀찮은 데 비해 보관이 쉽지 않다. 냉장실에서는 1~2일밖에 보관할 수 없다. 그러나 한 번에 만들어 두면 도시락 반찬으로 활용할 수 있다. 냉동할 때는 감자 샐러드를 한끼 분량(약 90g)씩 랩으로 싸서 냉동용 지퍼 팩에 넣고 냉동실에 보관한다.

해동

전자레인지(500W)에서 한끼 분량(약 90g)을 1분 30초간 가열한다. 그릇에 옮겨 담고 스푼과 포크로 잘 섞는다. 차가운 상태로 먹고 싶을 때도 상온이나 냉장실에서 해동은 하지 말고 반드시 전자레인지에서 해동하고 나서 냉장실에서 식힌다.

도시락에 사용한다! 실리콘 컵에 담아 보관한다

감자 샐러드를 도시락용 실리콘 컵에 담는다(1컵에 약 20g). 냉동용 보관 용기에 넣고 뚜껑을 덮어 냉동한다.

전자레인지(500W)에서 1컵당 30초 가열하여 스푼이나 포크로 잘 섞는다. 도시락에 넣는 경우에도 상온 해동이 아니라 반드시 사전에 가열 해동한다! 전자레인지에서 해동하면 감자 샐러드에서 소량의 수분이 나오므로 뜨거울 때 실리콘 컵 안에서 잘 섞어 준다.

감자 샐러드 냉동 3대 조건

1 감자는 으깬다

감자는 덩어리가 남으면 해동할 때 서걱서걱한 식감을 준다. 만들 때 확실히 으깨는 것이 포인트다.

2 수분이 적은 재료를 사용, 가열은 필수

오이와 옥수수, 생양파 등 수분이 많은 재료는 냉동에 적합하지 않다. 채소는 강낭콩 등 수분이 적은 재료를 반드시 가열해서 넣는다. 햄이나 비엔나, 베이컨 등의 가공품도 가열 조리는 필수다.

3 식초로 밑간을 한다

삶은 감자를 으깬 후, 식초(감자 1개당 1/2작은술)로 밑간을 하면 좀더 오래 보관할 수 있다. 또 마요네즈는 듬뿍 넣어준다 ◎. 유분으로 촉촉함을 더하고 해동 후에도 맛이 좋다.

돼지고기 된장국

보관
재료 믹스 3주간
조리 1개월

재료를 썰어서 냉동하면 짧은 시간에 일품요리, 완성

넉넉하게 만들어 남은 된장국은 냉동해도 좋다

된장국을 냉동하는 방법은 두 가지다. 첫 번째는 식재료를 썰어 한 번에 냉동용 지퍼 팩에 넣는 '혼합 재료' 냉동이다. 두 번째는 넉넉히 만들어 남은 된장국을 보관하는 방법이다. 혼합 재료를 냉동 보관하는 장점은 언제라도 갓 만든 맛을 즐길 수 있다는 점이다. 냉동실 안에서 크게 부피를 차지하지 않는 것도 좋다. 한편, 조리한 된장국을 냉동하는 장점은 무엇보다 데우기만 하면 먹을 수 있다는 것이다. 1인분씩 소분해서 냉동하면 편리성이 UP!

조리 전 된장국

조리를 끝낸 된장국

냉동 보관하면 편리! 혼합 재료 만드는 법(2인분)

1 식재료를 썬다. 돼지고기는 랩으로 싼다

당근 1/4개(약 40g)는 반달썰기를 하고 무 2㎝(약 80g)는 은행잎 썰기를 한다. 표고버섯 2개는 기둥을 잘라내고 4조각으로 썰고 대파 10㎝는 1㎝ 두께로 썬다. 작은 토란 2개(약 70g)는 랩으로 싸고 전자레인지(500W)에서 2분간 가열해 껍질을 벗겨 반달썰기를 한다. 유부 1/2개는 막대 썰기를 하고 생강 1/2조각은 채 썬다. 두부는 냉동하면 식감이 변하므로 유부로 대체한다! 삼겹살 100g은 3~4㎝ 길이로 썰고 한끼씩 랩으로 싼다.

2 채소와 돼지고기는 나누어 냉동 보관

1의 돼지고기를 제외한 나머지 재료는 냉동용 지퍼 팩에 그대로 담고 팩을 흔들어 고르게 섞은 뒤 공기를 빼고 입구를 닫아 냉동한다. 랩으로 싼 돼지고기는 다른 냉동용 지퍼 팩에 담아 밀봉하고 금속제 쟁반에 얹어 냉동실에서 급속 냉동한다. 채소 등의 재료와 돼지고기는 위생상의 문제와 사용의 편리성을 고려해 따로 냉동할 것을 추천한다.

이대로 냉동실에 IN!

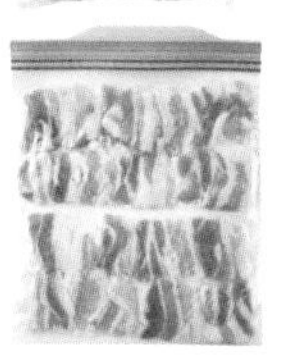

해동 혼합 재료로 된장국을 만드는 순서

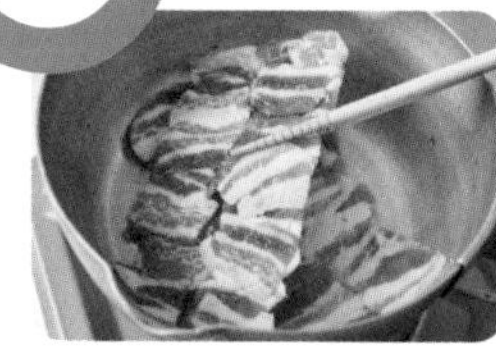

① 냄비에 샐러드유 2작은술을 넣어 중간 불에서 달군 다음 얼린 돼지고기를 넣고 볶는다.

② 고기의 색이 변하기 시작하면 얼린 혼합 재료를 넣고 좀더 볶는다.

③ 전체적으로 기름이 고르게 배면 육수 500㎖를 넣는다. 끓으면 거품을 제거하고 약한 불로 줄여 5분 정도 끓인다. 재료가 익으면 불을 끄고 된장 2큰술을 풀어준다. 한번 냉동한 재료는 냉동 효과로 세포 조직이 파괴되었기 때문에 비교적 빨리 익는다. 끓이는 시간은 짧은 편이라 OK.

조리한 된장국을 냉동하는 방법

1 냉동에 적합하지 않은 식재료는 걷어낸다

두부와 곤약, 감자 등 냉동하면 식감이 변하는 식재료가 들어 있을 때는 걷어낸다.

2 보관 용기에 넣어 냉동한다

완전히 식힌 된장국을 1회분씩 냉동용 보관 용기에 넣는다. 뚜껑을 덮어 냉동한다. 국물을 냉동하면 팽창하기 때문에 용기의 80% 정도 되는 양을 넣는다!

해동

상태를 보면서 가열

용기의 뚜껑을 열고 전자레인지(500W)에서 350g(한끼 분량 정도)을 기준으로 30초간 가열한다. 아직 얼어 있는 부분이 있다면 한 번 섞고 나서 다시 1분씩 상태를 보면서 가열한다.

닭고기 채소조림

맛을 유지하는 데는 국물 째
냉동하는 것이 정답

냉동에 적합하지 않은 식재료는 조금 손질을

닭고기 채소조림은 국물 채 냉동하는 편이 좋다. 재료에 간이 배면서 건조도 예방할 수 있다. 죽순처럼 냉동하면 식감이 변하는 재료는 조금 수고스럽더라도 손질을 달리해 풍미를 유지한다. 마무리 단계에서 추가하는 깍지 완두 등의 녹색 채소는 선명한 색채를 유지하기 위해 따로 냉동하는 것이 좋다.

핵심을 기억하자! 닭고기 채소조림의 냉동 방법

1 냉동에 적합하지 않은 식재료는 걷어낸다!

닭고기 채소조림을 만들면 일단 세균 증식을 막기 위해 그날 먹을 양을 덜어놓고는 재빨리 트레이에 국물 째 펼쳐놓고 바닥을 얼음물에 담가 식힌다. 재료에 곤약이나 죽순이 들어간 경우에는 식감이 변할 수 있으므로 미리 꺼내둔다. 단, 끓일 때 수분을 함유하는 효과를 내는 설탕을 넉넉히 넣어 두면 죽순의 식감이 크게 변하지 않는다.

2 국물 째 냉동용 팩이나 용기에 담는다

차게 식힌 다음에는 냉동용 보관 용기에 국물 째 한끼 분량씩 담고 뚜껑을 덮어 냉동한다. 또는 냉동용 지퍼 팩에 국물과 함께 모두 담고 밀봉하여 금속제 쟁반에 얹어 급속 냉동한다.

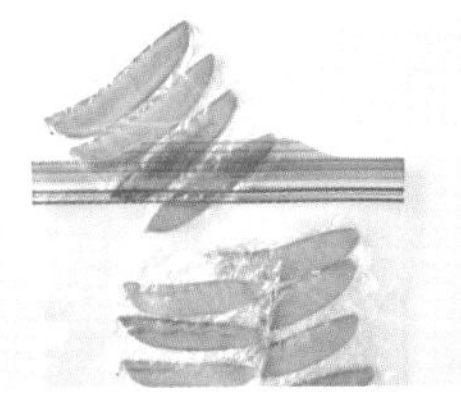

마무리 단계에 깍지 완두나 강낭콩 등 녹색 채소를 첨가할 때는 변색을 막기 위해 따로 냉동한다.

해동

냉동용 보관 용기의 경우

용기의 뚜껑을 열고 전자레인지(500W)에서 500g을 기준으로 5분간 가열한다. 한 번 전자레인지에서 꺼내어 전체를 섞어준 뒤 5분 더 가열한다.

냉동용 지퍼 팩의 경우

팩 위에서 손으로 덩어리를 깨고 냄비나 프라이팬에 옮겨 담은 뒤 강한 불에서 약 3분간 가열한다. 절반 해동 상태가 되면 섞어주고 다시 약 1분간 가열한다. 끓어오르면 중간 불로 낮추고 2분 정도 국물을 고루 입히면서 데운다. 딱딱해서 손으로 깰 수 없을 때는 팩의 입구를 열고 전자레인지(500W)에서 1분 정도 가열하여 절반 해동하면 좋다. 팩 채로 완전 해동까지 가열하면 팩의 내열 온도를 넘을 수 있으므로 피해야 한다.

무말랭이(조림)

보관
조리 후
불린 후
모두
1개월

실리콘 컵이 편리

무말랭이 조림은 반찬 컵에 소분하여 냉동하면 좋다. 냉동용 보관 용기에 컵을 나란히 넣고 뚜껑을 덮어 냉동실에 보관한다. 냉동 그대로 도시락에 담으면 자연 해동되어 먹을 수 있다. 전자레인지에서 해동할 수 있으므로 내열성이 높은 실리콘 컵을 추천한다. 전자레인지에서 가열하면 안 되는 알루미늄 컵은 피한다. 여기서 중요한 것은 같이 넣는 채소는 냉동에 따른 식감 변화가 적은 당근이나 시금치, 강낭콩 등을 선택한다.

해동 도시락에 담는다면 자연 해동해도 OK. 바로 먹을 경우에는 반찬 컵 1개를 랩을 씌워 전자레인지(500W)에서 약 50초 동안 가열한다.

Recipe / 무말랭이와 참치샐러드

① 냉동 무말랭이(물에 불린 후)는 100g 기준 전자레인지(500W)에서 2분 30초 동안 가열하여 해동한다. 상온까지 식혀서 키친타월로 싸고 손으로 짜서 물기를 제거한다. ② 파 1/8개는 얇게 썰고 파드득나물 1팩(약 30g)은 약 2㎝ 길이로 썬다. 파드득나물의 잎은 장식용으로 조금 나눠놓는다. ③ 그릇에 ① ②를 넣고 기름을 뺀 소형 참치 통조림 1개 분량(약 80g)과 옥수수(캔) 4큰술을 섞는다. 마요네즈 3큰술, 소금·후추 각각 조금, 홍고추 1개를 통썰기 하여 넣고 버무린 후 접시에 담고 ②의 파드득나물을 얹는다.

한 번에 물에 불려 냉동해도 OK◎

무말랭이는 물에 불린 상태에서 냉동하면 바로 사용할 수 있어 편리하다. 상품 팩에 표기된 시간을 참고하여 무말랭이를 불린다. 물에서 건져 키친타월로 싸고 손으로 꼭 짜서 물기를 제거한다. 랩에 싸서 냉동용 지퍼 팩에 넣고 금속 쟁반에 담아 급속 냉동한다. 100g(불린 후)씩 랩으로 싸면 한끼 분량으로 사용하기 편하다.

이대로 냉동실에 IN!

해동 샐러드 등 생식용으로 사용할 때는 전자레인지(500W)에서 2분 30초(100g일 경우) 가열한다. 왼쪽 레시피도 추천한다. 가열 요리에 사용할 때는 전자레인지(500W)에서 1분 30초(100g일 때) 동안 가열한다.

보관 3~4주간

우엉조림

채소 채썰기가 힘들다? 한 번에 만들어 냉동하면◎

썰기가 쉽지 않은 우엉은 한 번에 넉넉하게 준비해 냉동하면 편리하다. 저녁 식사에 낼 반찬으로 냉동할 경우 한끼양(약 80g)만큼 랩으로 싸서 냉동용 지퍼 팩에 담아 냉동한다. 도시락용이라면 실리콘 컵에 25g씩 넣어 냉동용 보관 용기에 담아 뚜껑을 덮고 냉동실에 보관한다.

이대로 냉동실에 IN!

해동 한끼 분량(약 80g)이라면 전자레인지(500W)에서 1분간 가열한다. 도시락용은 냉동한 그대로 담아 자연 해동해도 OK. 상온에서 1시간 30분 정도면 먹기에 적당하며, 바로 먹을 경우에는 넉넉하게 랩을 씌워 실리콘 컵 1개(25g) 기준 전자레인지(500W)에서 30초 동안 가열하여 해동하면 된다.

Recipe/

냉동에 적합한 우엉조림(3~4인분)

① 우엉 3개(약 30㎝ 길이. 껍질을 벗긴 순순한 분량 230g)는 2~3㎝ 길이로 채 썰어 물에 10분 정도 담갔다가 채반에 올린다. 당근 1/3개(약 50g)는 2~3㎝ 길이로 채 썬다. ② 프라이팬에 참기름 2작은술을 넣고 중간 불에서 달궈 ①을 볶는다. 숨이 죽으면 간장 2큰술, 설탕 1큰술을 넣고 좀더 볶다가 국물이 졸면 기호에 따라 볶은 깨(흰색)를 적당히 뿌린다.

박고지조림

보관 1개월

한 팩을 한 번에 조리하고 소분해 냉동하면◎

새콤달콤한 박고지조림은 주먹밥이나 반찬으로 활용도가 높다. 포장 팩 하나를 한 번에 모두 조리해 냉동하면 편리하다. 차게 식힌 후 한끼(약 45g)씩 소분하여 랩에 싸고 금속제 쟁반에 바로 올려 냉동실에서 급속 냉동한다. 얼면 냉동용 지퍼 팩에 IN.

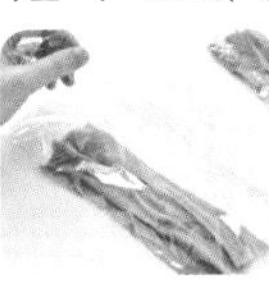

해동 전자레인지(500W)에서 약 40초간 데워 해동한다. 냉장실에 약 3시간 정도 두고 자연 해동해도 좋다. 볶음이나 조림 등 가열 조리할 경우에는 얼린 그대로 사용한다. 얼린 상태(너무 단단할 때는 조금 놓아둔다)로 썰면 다루기 쉽다.

Recipe/

새콤달콤한 박고지조림

① 그릇에 물을 담아 손으로 저으면서 박고지(건조) 30g을 가볍게 씻는다. 흐르는 물에 한 번 씻고 다시 그릇에 물을 넉넉히 받아 약 10분간 불린다. 그런 다음 칼이나 주방 가위로 사용하기 편한 길이(김밥에 사용할 경우는 약 18㎝)로 썰어 소금 1작은술을 넣고 30초 정도 주무른다.

② 흐르는 물에서 소금을 씻어내고 물기를 짠다. 냄비에 물을 넉넉히 부어 끓이다가 ①의 박고지를 넣고 중간 불에서 약 5분간 데친다. 손톱으로 자를 수 있을 정도로 부드러워지면 채반에 건진다.

③ 냄비에 육수 200㎖, 간장 2큰술, 설탕 2큰술, 술 2큰술, 미림 1큰술을 넣고 끓인 뒤 ②의 박고지를 넣는다. 누름 뚜껑을 덮고 중간 불에서 약 20분, 가끔 위아래를 뒤집어가며 삶는다. 국물이 보이지 않을 때까지 푹 삶으면 냉동하기 쉽고 해동 후에도 물이 생기지 않는다.

팥소

활용하기 좋은 재료는 소분 & 슬라이스 냉동

건조나 냉동실 냄새로부터 팥소를 지킬 수 있다

팥소는 슬라이스 치즈처럼 얇고 평평하게 만든 다음 냉동하는 것이 가장 좋다. 언제든지 간편하게 조금씩 사용할 수 있다. 랩으로 싸고 나서 냉동용 지퍼 팩에 넣기 때문에 건조와 냉동실 냄새가 배는 것도 방지할 수 있어 일석이조다!

슬라이스 냉동 순서

1 랩에 올리고 접는다

랩을 펼치고 팥소를 3큰술(약 60g) 정도 올려 랩의 네 변을 네모나게 접는다. 그리고 슬라이스 치즈와 비슷한 사이즈를 추천한다.

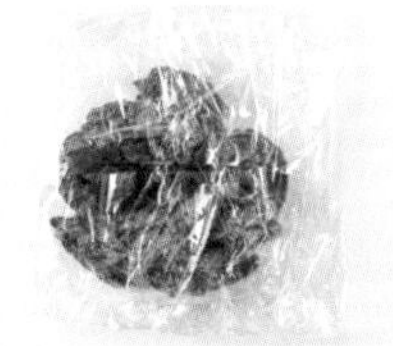

2 손으로 눌러 펼쳐 납작하게

랩 위에서 손으로 눌러 팥소를 랩 크기에 맞게 얇고 평평하게 펼쳐 납작하게 만든다.

3 냉동용 지퍼 팩에 넣어 냉동

납작하게 편 팥소를 한데 모아 냉동용 지퍼 팩에 넣고 밀봉하여 냉동한다. 금속제 쟁반 위에 담아 냉동하면 형태를 유지하기 쉽다.

해동

냉동 그대로 사용할 수 있다

얼린 채로 식빵에 버터와 얹어 오븐 토스터(200°C)에서 3분간 구우면 앙버터 토스트가 완성된다. 플레인 요구르트에 냉동 팥소를 떠서 넣으면 훌륭한 디저트가 된다.

따뜻한 우유와 카페오레에 넣어 마셔도 좋다. 필요한 만큼만 뜯어내고 남은 분량은 랩으로 잘 싸서 냉동용 지퍼 팩에 다시 넣는다.

보관

케이크에 따라 다르다 (본문 참조)

케이크

○ 냉동→해동해도 풍미는 거의 변하지 않는다!

생과일을 사용한 케이크 외에는 냉동 OK

사실 케이크는 대부분 냉동 보관이 가능하다! 단, 생과일을 사용한 케이크는 해동할 때 과일에서 수분이 빠져나와 식감이 변하기 때문에 냉동에는 적합하지 않다. 그 이외의 케이크를 냉동할 때는 1조각씩 랩으로 싼 후 냉동용 지퍼 팩에 넣어 냉동실에 보관한다. 토핑이 올려진 케이크는 깊이가 있는 용기를 거꾸로 해서 뚜껑 위에 케이크를 올리고 용기를 씌워 냉동하면 된다. 꼭 맞는 크기의 용기를 고르면 형태가 무너지지 않고 그대로 냉동할 수도 있다.

다양한 냉동 케이크를 직접 시식 검증!

평소 즐겨 먹는 케이크를 실제로 냉동, 해동하고 먹은 평가를 소개한다. 보관 기간이나 해동 방법도 잘 체크하자.

가토 쇼콜라

냉동 기간
냉동실에서 3~4주간 보관 가능.

해동 방법
냉장실에 2시간 놓아둔다.

시식 평가
맛과 식감 모두 냉동 전과 거의 다르지 않다.

치즈케이크

냉동 기간
냉동실에서 3~4주간 보관 가능.

해동 방법
냉장실에 2시간 놓아둔다.

시식 평가
맛과 식감 모두 냉동 전과 거의 변함이 없다.

밀크레페

냉동 기간
냉동실에 2~3주간 보관 가능.

해동 방법
냉장실에 2시간 놓아둔다.

시식 평가
맛과 식감 모두 냉동 전과 거의 변함이 없다.

롤 케이크

냉동 기간
냉동실에서 2~3주간 보관 가능.

해동 방법
냉장실에 2시간 놓아둔다.

시식 평가
스펀지 부분이 조금 촉촉하다. 크림 부분은 냉동 전과 다르지 않다.

슈크림

냉동 기간
냉동실에서 1~2주간 보관 가능.

해동 방법
냉장실에 2시간 놓아둔다.

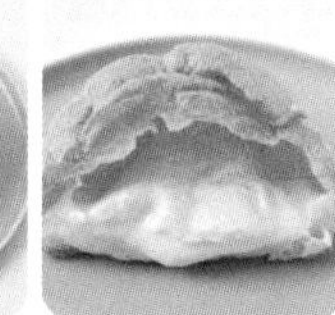

시식 평가
슈크림 껍질의 폭신한 느낌은 조금 사라진다. 속의 크림은 냉동 전과 다르지 않다. 절반 해동 상태로 먹으면 슈 아이스크림 같은 식감이 된다.

Idea

과일을 사용한 케이크를 냉동하고 싶다면

딸기 쇼트케이크, 과일 타르트, 과일이 들어간 롤 케이크, 크리스마스 케이크 등등은 일반적으로 냉동이 어렵다. 하지만 스펀지와 생크림, 과일을 따로 분리하면 냉동할 수 있다! 토핑뿐 아니라 스펀지 사이에 들어 있는 과일도 따로 꺼낸다.

과일 냉동

과일은 생크림을 닦아내고 냉동용 지퍼 팩에 넣어 냉동한다. 절반 해동 상태로 먹으면 셔벗의 사각거리는 식감을 즐길 수 있다. 1개월간 보관 가능하다.

스펀지, 생크림 해동

스펀지와 생크림은 함께 냉동용 지퍼 팩에 넣어서 냉동한다. 1개월간 보관 가능하다. 냉동실에서 꺼낸 지 몇 분 만에 칼로 잘라 먹을 수 있다. 오른쪽 사진처럼 생과일이나 생크림을 토핑하면 트라이플이 된다.

케이크

도넛

다 먹지 못한다면 기름이 산화되기 전에 바로 냉동

공기에 노출되지 않게 랩으로 싼다

도넛은 다 먹지 못하면 냉동 보관한다! 가능한 한 빨리 냉동하면 기름의 산화를 막아 맛을 유지할 수 있다. 도넛은 수분량이 적기 때문에 냉동과 해동을 해도 식감과 맛은 거의 변하지 않는다. 가급적 공기에 노출되지 않게 하나씩 랩으로 싼다. 수제 도넛은 사람의 피부 정도로 식힌 후에 싸고 한 번에 냉동용 지퍼 팩에 넣어 밀봉하여 냉동실에 보관한다.

자연 해동해도 OK.
여름철에는 냉장실에!

도넛을 냉동실에서 꺼내어 랩을 벗기고 접시 위에 30분 정도 올려놓으면 먹기에 적당한 정도로 해동된다. 단, 기온이 높으면 초콜릿이나 설탕이 녹는 등 변질될 가능성이 있다. 그렇기 때문에 여름철에는 랩으로 싼 상태 그대로 냉장실에서 2시간 정도 자연 해동한다.

해동한 도넛을 직접 시식 검증!

냉동 전의 맛과 식감의 차이, 맛이 좋아지는 요령을 소개한다.

올드 패션

맛과 식감 모두 냉동 전과 거의 다르지 않지만, 표면은 해동한 후가 좀 더 촉촉하다. 자연 해동 후 전자레인지(600W)에서 10초만 데우면 폭신하며 토스터로 약 2분 데우면 바삭한 식감을 느낄 수 있다.

글레이즈 도넛

냉동 전에 비하면 해동한 뒤에는 폭신폭신한 식감이 줄고 표면이 조금 촉촉한 인상을 준다. 슈가를 코팅한 바삭한 식감이 특징인 글레이즈 도넛은 자연 해동하여 그대로 먹는 것이 가장 좋다. 데울 때는 전자레인지(600W)에서 10초간 가열해도 되지만 표면이 조금 녹아 버린다.

쫀득쫀득한 도넛

해동 후에는 표면이 약간 촉촉해 보이지만 식감은 거의 변하지 않는다. 그리고 자연 해동 후 전자레인지(600W)에서 10초만 데우면 식감이 더욱 촉촉해진다.

프렌치 크롤러

냉동 전에 비하면 촉촉함이 더하다. 자연 해동 후에 토스터로 약 2분 데우면 표면은 바삭하고 속은 쫀득한 식감이 된다.

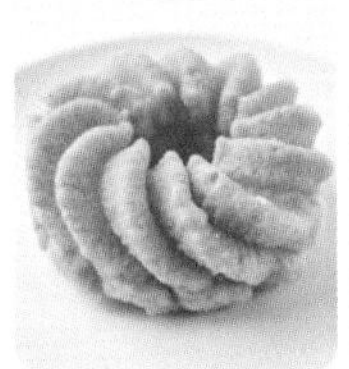

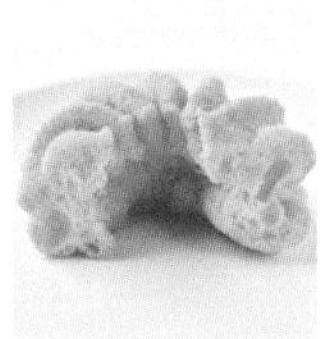

초콜릿 코팅

맛, 식감 모두 거의 변하지 않지만, 반죽이 조금 촉촉한 식감으로 변한다. 자연 해동 후에 전자레인지(600W)에서 10초간 데운다. 표면의 초콜릿은 녹지 않고 반죽은 부드러운 식감을 준다.

크림 도넛

맛과 식감 모두 거의 변하지 않는다. 반죽의 볼륨감도 그대로이고 크림의 부드러움과 풍미도 냉동 전과 동일하다. 그리고 냉동실에서 꺼내어 얼린 그대로 먹으면 슈 아이스크림과 같은 맛있는 식감을 준다.

카스텔라

'한 상자는 많다…' 그렇다면 냉동뿐!
얼린 카스텔라도 맛있다

소분해 랩으로 싸서 수분 증발을 방지한다

한 상자를 사면 좀처럼 모두 먹지 못하고 남기게 된다. 개봉 후에는 오래 보관하지 못하기 때문에 서둘러 냉동해 맛을 유지한다. 카스텔라는 냉동실에서 꺼내면 바로 해동이 시작되고 다시 냉동하는 것은 좋지 않으므로 반드시 한 번에 먹기 좋은 크기로 잘라 냉동한다. 또한 건조를 막기 위해 빈틈없이 랩으로 싸고 겹치지 않게 냉동용 보관 용기에 담아 뚜껑을 덮고 냉동실에 보관한다.

해동

냉장실로 옮겨 1토막(약 45g)을 기준으로 15분 정도 두면 자연 해동된다. 또는 1토막을 전자레인지(600W)에서 약 30초간 가열하면 갓 만든 것 같은 맛을 즐길 수 있다!

Recipe / 우유에 담가 냉동하면 맛있는 아이스크림으로

① 평평한 접시나 쟁반 위에 카스텔라를 쌀 수 있을 만한 크기의 랩을 깐다. 랩 중앙에 카스텔라를 놓고 전체에 고르게 우유를 뿌린다. 우유의 양은 카스텔라를 기울였을 때 우유가 조금 배어 나오는 정도가 좋다. 1조각(약 45g)당 5큰술 정도를 부으면 맛있다.

② 빈틈없이 딱 맞게 랩으로 싸서 냉동용 지퍼 팩에 넣는다. 공기를 빼고 입구를 닫아 냉동실에서 6시간 정도 얼리면 완성이다. 랩으로 싼 카스텔라는 냉동용 보관 용기에 넣어도 OK. 단, 우유가 골고루 퍼지게 카스텔라를 옆으로 눕혀 냉동한다.

Idea 얼린 채로 먹으면 쫀득쫀득한 식감을!

카스텔라는 냉동 상태에서도 맛있게 먹을 수 있다. 얼리면 쫀득쫀득한 식감을 얻어 새로운 맛의 디저트를 맛볼 수 있다.

바움쿠헨

보관
3~4 주간

퍽퍽해지기 전에 냉동한다 랩을 이용해 냄새가 배는 것을 방지

개봉 후, 시간이 지나면 바움쿠헨은 수분이 날아가 푸석푸석해지고 풍미도 잃는다. 바로 모두 먹지 못한다면 냉동 보관을 한다. 바움쿠헨은 먹기 좋은 크기로 잘라 냄새가 옮거나 건조를 막기 위해 랩으로 싼다. 겹치지 않게 냉동용 지퍼 팩에 넣고 밀봉하여 냉동실에 보관한다.

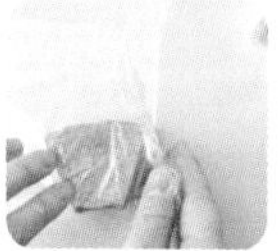

해동 냉동한 바움쿠헨을 랩을 씌운 채 1조각(약 40g)당 전자레인지(600W)에서 30초간 가열하면 촉촉한 식감을 즐길 수 있다.

Idea

해동하지 않아도 맛있다!

얼린 바움쿠헨은 푸석푸석한 감 없이 촉촉하고 입안에서 부드럽게 녹는다. 단맛도 지나치지 않아 아주 먹기 좋은 디저트가 된다!

Recipe

허니 버터 맛으로 변화를

얼린 바움쿠헨의 랩을 벗기고 오븐 토스터(1,000W)에서 3분 정도 굽는다. 그러고 나서 그릇에 담고 뜨거울 때 버터를 얹고 꿀을 뿌린다. 기호에 따라 굵게 간 후추를 뿌린다. 겉은 바삭하고 속은 폭신한 식감을 준다. 녹은 버터가 바움쿠헨에 잘 스며들어 풍부한 맛을 지닌 디저트가 완성된다!

생초코

보관
1개월

급속 냉동은 NG! 냉동하기 전에 냉장실로

밸런타인데이의 단골 디저트인 수제 생초코. 생크림이 들어 있는 경우가 많아 오래 보관하기가 어려우므로 바로 먹지 않을 때는 냉동 보관을 추천한다. 그리고 수제 생초코는 냉동하기 전에 냉장실에서 충분히 식히는 것이 중요하다.

해동 냉장실에서 30분 정도 자연 해동한다. 냉동해도 꽁꽁 얼지 않기 때문에 냉동실에서 꺼내 바로 먹어도 아이스크림 같은 식감을 즐길 수 있다.

생초코의 풍미를 지키는 냉동 방법

1 먼저 냉장실에서 식힌다

초콜릿의 풍미를 유지하기 위해 미리 냉장실에 넣어 충분히 식힌다. 급격한 온도 변화는 초콜릿의 열화로 이어져 풍미가 떨어지거나 지방분이 겉으로 떠올라 하얗게 변할 가능성이 있다. 냉동하기 전에 반드시 냉장실에서 식힌다.

2 소분해 랩으로 싼다

공기가 차단되도록 랩으로 빈틈없이 싼다. 2~3개씩, 한 번에 먹을 양만큼 소분하면 편리하다. 그대로 냉동용 지퍼 팩에 넣고 공기를 빼서 입구를 닫고 냉동한다.

Idea

수제라면 코코아를 뿌리기 전에 냉동한다

수제 생초코를 냉동 보관하려면 굳히는 단계에서 반으로 잘라 한 조각씩 랩으로 싸고 냉동용 지퍼 팩에 담는다. 1개월 정도 보관이 가능하다. 먹을 때 한입 크기로 잘라 코코아 파우더를 묻힌다.

잼

병째 냉동은 NG!
반드시 옮겨 담는다

잼은 개봉하지 않은 상태에서는 오래 보관할 수 있지만 한 번 개봉하고 나면 장기 보관이 어렵다. 바로 모두 먹지 못할 때는 냉동 보관한다. 단, 병 그대로 냉동하면 내용물이 팽창하여 깨질 우려가 있다. 반드시 냉동용 보관 지퍼 팩이나 냉동용 보관 용기로 옮겨 담는다. 특히 당도가 높은 잼은 냉동실에서 꺼내면 바로 해동되기 때문에 소분해서 냉동하면 맛을 유지할 수 있다.

한 번에 다 먹을 수 있는 양을 소분해

1 공기가 들어가지 않게 랩으로 싼다

잼은 한 번에 다 먹을 수 있는 양으로 소분해 랩으로 빈틈없이 싼다. 전량을 냉동용 지퍼 팩에 넣으면 먹을 만큼씩 꺼낼 때 나머지 잼의 해동이 바로 시작된다. 한번 해동한 잼의 재냉동은 좋지 않으므로 반드시 한 번에 먹을 수 있는 양을 나누어 둔다.

2 밀봉해 급속 냉동한다

냉동용 지퍼 팩에 담고 공기를 빼서 입구를 닫고 금속제 쟁반에 담아 냉동한다. 소분한 잼은 다른 식재료의 냄새가 쉽게 옮으므로 공기에 노출되지 않도록 밀봉해 냉동한다.

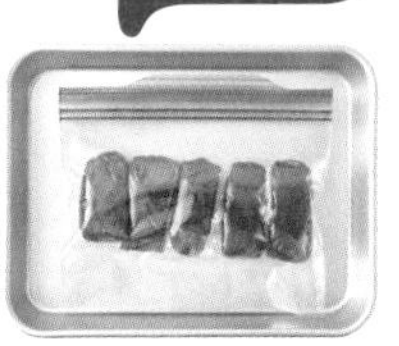

이대로 냉동실에 IN!

한 번에 많이 사용한다면 보관 용기에

냉동용 보관 용기에 잼을 한 번에 먹을 수 있는 양을 넣고 뚜껑을 덮어 냉동한다. 냉동실에서 꺼내 바로 사용할 수 있다. 해동한 잼은 가능한 한 빨리 다 사용한다. 보관 용기에서 소량만 스푼으로 뜨고 재냉동하는 것은 NG. 냉동실에 넣었다 뺐다 하면 얼린 잼이 해동되어 풍미를 잃는다.

해동

딱딱하게 굳지 않기 때문에 냉동실에서 꺼내어 바로 사용할 수 있다. 그대로 토스트나 바게트에 바르거나 요구르트에 넣어도 좋다.

레시피 어드바이스

요시다 미즈코

요리연구가 & 푸드 코디네이터

장난감 개발자에서 요리연구가로 변신, 창의성 넘치는 맛있는 레시피를 개발한다. 《냉동 보관 교과서 초보자편》《하루 수고로 한 달을 편하게 만드는 수제 냉동식품 365일》《빠르고 맛있다! 아침이 편한 도시락 BEST 300》 등 다수의 저서가 있다.

네모토 사나에

냉동 생활 어드바이저, 채소 소믈리에,
식생활 지도사

매일 채소를 섭취해야 한다는 바람을 가지고 채소가 주재료인 요리 교실을 각지에서 열고 있다. 채소의 영양가 유지와 맛있는 레시피 개발로 유명하다. 기업과 지방 자치 단체에서 강사로, 웹사이트와 TV 프로그램 감수 등 폭넓게 활동 중이다.

레시피·어드바이스 협력

오다 마키코, 기시무라 야스요, 사카시타 치에, 주식회사 음식 스튜디오, 타테노 쿄코, 히라오 유키, 요시나가 사야카, 와카코 미나미

칼럼

이츠보 미와(INBLOOM 주식회사)

촬영
오카자키 타케시

촬영협력
아리미츠 코지, 이가이 타쿠지, 이시카와 나나,
이시즈카 유카코, 나카가와 토모카즈

기획 협력
주식회사 Nichirei Foods 사사미네 마이코
주식회사 INFOBAHN 노세 료스케, 카와조에 마유카

협력
주식회사 음식 스튜디오
주식회사 토렌도

디자인 / 호소야마다 디자인 사무소(호소야마다 미츠노부, 오쿠야마 시노)
일러스트 / 쿠보 아야코
DTP / 사카마키 하루코
편집 / 나카다 에리코, 타카기 사오리
교정 / 도쿄 출판 서비스 센터
스톡 사진 / photolibrary

니치레이 푸즈의 홍보팀에게 배운다

식재료의 냉동, 이것이 정답이다!

1판 1쇄 발행 2025년 3월 13일

감수 니치레이 푸즈(Nichirei Foods)
역자 이진원

발행인 최봉규
발행처 지상사(청홍)
출판등록 제2017-000075호
등록일자 2002. 8. 23.
주소 서울 용산구 효창원로64길 6(효창동) 일진빌딩 2층
우편번호 04317
전화번호 02)3453-6111, 팩시밀리 02)3452-1440
홈페이지 www.jisangsa.com
이메일 c0583@naver.com

ISBN 978-89-6502-340-1 03590